從零開始

無痛創業

FROM ZERO TO HERO

makes a dream come true

創業導師

Jacky Wang / 著

國家圖書館出版品預行編目資料

從零開始無痛創業 / Jacky Wang 著... -- 初版. --
新北市：創見文化出版, 采舍國際有限公司發行,
2021.08 面；公分--

ISBN 978-986-271-905-3（平裝）

1.創業　2.商業管理

494.1　　　　　　　　　　　　110009084

從零開始無痛創業

 創見文化・智慧的銳眼

作者／ Jacky Wang
出版者／ 魔法講盟・創見文化
總顧問／王寶玲
總編輯／歐綾纖
主編／蔡靜怡
文字編輯／ Emma
美術設計／ Mary
郵撥帳號／ 50017206 采舍國際有限公司（郵撥購買，請另付一成郵資）
台灣出版中心／新北市中和區中山路 2 段 366 巷 10 號 10 樓
電話／（02）2248-7896　　　　　　傳真／（02）2248-7758
ISBN ／ 978-986-271-905-3
出版日期／ 2021 年 8 月

全球華文市場總代理／采舍國際有限公司
地址／新北市中和區中山路 2 段 366 巷 10 號 3 樓
電話／（02）8245-8786　　　　　　傳真／（02）8245-8718

本書採減碳印製流程，
碳足跡追蹤，並使用
優質中性紙（Acid &
Alkali Free）通過綠色
碳中和印刷認證，最
符環保要求。

Magic https://www.silkbook.com/magic/

人生志業無痛開始

> "
>
> 　　人人都是創業家。當人類還在洞穴生活時，我們都是自營業主，自己覓食、自給自足，那是人類歷史的開始。隨著文明來臨，我們壓抑了這項能力，成為「勞工」，因為他們在我們身上貼了「你是勞工」的標籤。於是，我們忘記自己是創業家。
>
> 諾貝爾和平獎得主
> ── 穆罕默德·尤努斯 *Muhammad Yunus* "

　　身為上班族的你，是否會在工作不順、意志消沉時，默默地在心中浮現：「乾脆不要替別人工作了，自己創業還快活些」的念頭？根據調查，有六成上班族對創業當老闆充滿憧憬，絕大多數人的內心深處，其實都藏有一股創業的衝動，沒有人甘願一生為他人工作，捧別人的飯碗。

　　創業，創得其實不只是事業，更是你我心中的夢想，是一份志業；創業提高的不只是薪水，更是價值。

　　「創業是一條不歸路，也是一條自由的路。」每一行都非常競爭，但還是會有生意非常好和非常不好的店家。因此，我們若能將失敗看作一種資產，一種難能可貴的經驗，即使賠光幾百萬，也能累積非常多受用的寶貴經驗，那些在過程中所獲得的營運管理經驗和各種專業能力，絕對是無價的寶藏。

　　任何想開創世界、開啟志業的你，可以試著往內探索自己，究竟你想發展的志業，

曾替自己解決了什麼樣的痛點。只要內心充滿了使命感，就有足夠的動力促使自己向前進。試問，你想幫自己賺錢的原因何在？純粹想賺更多錢而已嗎？還是因為受不了老闆的頤指氣使？抑或是因為心中的理想和抱負，所以必須擁有更多的錢，才能加以實現呢？

如果你選擇斜槓創業，待在原本的工作，可以在原有領域與客戶拉近關係，一方面提升經驗值，如果做得到，就能一邊領公司薪水，又使用公司資源，同時挑戰創業。順利的話，說不定你的斜槓創業還能做大，離職獨自創業；就算做不到，別人也搶不走你培養的能力與人脈，可以從運用這些資源開始入門。但如果你真的受不了現況，而選擇離職創業，也請務必冷靜下來，去想一下自己現在能做的事情，將物欲減低，做好收支管理，先用存款撐過累積期，其實也是可以做到的。

所以，其實不管是斜槓創業還是離職創業，這兩種都可以，問題不在外部的市場環境有多糟糕、多嚴峻，而在於你的心境，常說「真正的敵人，正是你自己」，你「覺得做不到」只是一種假象，全來自內心的恐懼，只須將興趣變成自己生活的一部分，自然活出那個樣子，人生道路就會慢慢拓展開來。

當你習慣用長線思考人生，不管是在別人公司工作，或者你自己創辦一間公司，只要目標都是在豐富自己的人生，做一些自己喜歡以及想做的事，你都是在創業，創造人生志業。

總之，現在開始行動就對了，不要因為內心的不安而止步不前。創業路上，總會碰到不行動就不會知道的事情，重點在於你如何克服，讓這項傷害變得很無痛；且讓事業步上軌道需要時間，當然也可能失敗，所以最好盡量讓自己以最無痛的方式來反覆實驗，最終創業成功，闖出自己的一片坦途。

希望看完本書的讀者們，都能以最無痛的方式，實踐自己的夢想，順利將事業壯大，創業成功！

Contents

Chapter 1 起手式：
燃燒你的創業魂

Chapter 2 有創意就能無痛創業

Contents

Chapter 3　洞察市場，銷售力倍增

Chapter 4　零資金，也可以馬上開始

Chapter 5

創新商業模式，營銷力爆棚

Chapter 1

起手式：
燃燒你的創業魂

以最無痛的方式，開創最大志業，
讓你成為 2% 的創業存活者！

觀念｜創意
價值｜資金｜創新

 厭倦慣老闆？那就自己出來闖

 你準備好燃燒創業魂了嗎？

 斜槓讓你無痛創業，不怕兩頭空

 斜槓轉正當老闆，讓職涯有更多選擇

FROM ZERO TO HERO
makes a dream come true

厭倦慣老闆？
那就自己出來闖

　　絕大多數人的內心深處，其實都藏有一股創業的衝動，沒有人甘願一生為他人工作，捧別人的飯碗。人力銀行曾做過「後疫情時代創業現況」調查，近年 COVID-19 疫情衝擊各產業，但仍有 62% 上班族對創業當老闆充滿憧憬，其中已經創業佔 3.5%、正在籌備 5.6%、有意願還沒行動 42.6%，另外還有 10.7% 的上班族曾經創業過，但已結束。進一步交叉分析，創業熱誠最高的是 26 至 30 歲間的年輕族群。

　　至於想創業的原因，以增加收入最高，占 52.2%，其次為圓夢或自我實現，占 48.1%，35.8% 的人表示薪水太低，想要彈性工時或照顧家人的則占 30.9%，不想看主管臉色的也有 23.1%。

　　且在三十而立的人生壓力下，遲遲無法突破的薪資水平，使得年輕族群對職場現況的不滿加劇，因而想藉由創業來增加收入，猶如抱有美國夢的淘金客，但最後創業成功的人往往只占少數，想必大多是創新構想尚未落實，就已胎死腹中。

　　我時常和我的學員談創業，可得到的回覆大多是創業太難、不容易，看著他們不斷替自己找理由，一談到創業開口閉口都是：「沒資本、沒產品、沒經驗、沒人脈……」等云云，不免為他們感到可惜。若他們身邊有朋友和他們一樣什麼都沒有，就「很莽撞」的跑出去，會直觀地認為對方不符合「做了好幾年有了經驗，存夠了錢，也找齊了門路，終於媳婦熬成婆跑出來自立門戶」的創業家標準故事，心中的答案總是「No way！」，持以負面、消極的態度。

　　但，創業真是如此嗎？

　　各位欲創業的讀者們，你也可以試著想想看，以我創業數十年的經驗來看，我是

這麼理解的，「創」可以解釋為開創、創造，簡單來說就是一個動詞；「業」則是事業，一個名詞，相信大家都能理解，對吧？那「創」和「業」合在一起就是開創事業，而開創和創造本就是實現從無到有的一個過程，靠的是一個欲望、一種心態。

我熱衷投入於成人培訓課程，就是在開創另一個事業、我的另一斜槓，且我熱愛知識，更熱愛傳播正確的知識，因此，創業是在實現我心中的一個欲望。絕大多數的學員會問我：「王博士，我沒有錢，沒辦法做……而且我沒有時間，口才也不好，要怎麼去推銷我的產品，甚至是我的公司呢？」聽到這些，我就想問：「如果你什麼都有了，幹嘛還要創業呢？」而且據我觀察，會投入創業的人，確實是那些「沒錢、沒資源」的人！為什麼？

原因很簡單啊！因為絕大多數的創業者就是因為「沒錢、沒資源」，所以才想藉由創業，賺取更多的錢呀！那些已經有錢、有經驗、有門路的人，不論他是老闆還是上班族，已相當享受現在的工作模式，自然就不會想再創業。假使有天錢不夠了，那他們只要微調現狀，讓自己賺更多的錢，規劃不一樣的人生，這樣就好了。

馬雲曾說：「開始創業的時候都沒有錢，而就是因為沒錢，我們才要去創業！」所以任何聽到「創業」，就急著用「我沒有……所以無法……」來當藉口的人，應該好好反省一下；況且，創業可以靠後天學習來取得成功之鑰，根本無須擔心。

一般創業分兩種：主動創業和被動創業。主動創業的動機有：事業不斷發展，實現個人抱負；創業是個性的產物，就業有可能抹殺我們原有的個性；創業能實現個人價值。而被動創業的動機，則是為了解決經濟負擔過重的問題，或實現自我聘任的想法，不再看人臉色。

據統計，創業失敗率較高的是被動創業，主動創業的成功率較高，所以，如果你

單純因為不滿意現在的收入，想創業、多賺點錢，那就稱為被動創業，通常較容易失敗。而那些佔據金字塔頂端的富人，大多屬於主動創業，相信各位讀者都聽過比爾·蓋茲（Bill Gates）、賈伯斯（Steve Jobs）、馬克·祖克柏（Mark Zuckerberg）吧？他們就是主動創業的人。

另外還有「想要多賺點錢，而創業」或「投了很多履歷表，卻沒有人聘用」的這類人，他們創業也大多會以失敗收場，失敗率可說是相當高，這類人的個性很鮮明，且具備相當出眾的才能。像我有一位合作二十多年的朋友張耀飛，他英文能力相當強，其他學科很弱，對於生活常識也不太靈光，可是後來卻能創業成功，創辦「飛哥英文」，成為補教界的英文名師，賺取很高的收入。

因此，你只要單點突破就可以成功。可以試著想想身邊做生意的朋友，不管是經營線下還是線上，肯定都是以單一類型的產品發跡，因為聚集於一個品類的話，可以讓消費者形成強烈認知。

認知是什麼？認知就是我們潛意識裡內存的東西，需要靠時間去累積，一旦形成就很難改變。好比聚餐吃火鍋，飲料通常會喝麥仔茶或烏梅汁，這就是定位作用所產生的影響。過年過節，想送禮物給老爸老媽，逛了一圈超市，似乎不知道送什麼，最終選擇了老協珍燕窩等等，這就是潛意識中無形存有的想法。

傳統行銷要產品（Product）、價格（Price）、通路（Place）、促銷（Promotion）基本 4P 要素匹配在一起，但這種潛意識的催眠式銷售，不像傳統的行銷作法，而是以單點突破的方式來造成轟動，這也是不錯的作法；可見有時候只要一點不一樣，就可能成為你人生的突破口。

2000 年，美國封閉的校園環境讓大學生們極度渴望快速的聯絡方式，當時就讀於哈佛大學的馬克·祖克柏，他觀察到同齡層間的社交需求，便運用自己在網路與程式設計的能力，創辦社群網站 Facebook，不但成功解決問題，還一舉創業成功，成為

全球最年輕的白手起家富豪。

　　好，我們再將時間往前推五十多年，大約是美國 1970 年代。當時電腦價格昂貴，組裝也相當困難，只有專業人士才曉得如何使用，社會充斥著大眾也有電腦使用需求的聲音。那時，有位美國青年在自家倉庫與朋友打造出一般家庭負擔得起、方便使用的電腦，打破電腦使用上的障礙，帶領大家進入個人 PC 時代，而他就是 Apple 電腦的創辦人——賈伯斯。今日 Apple 電腦推出各項產品，包括 iPhone 手機、iPad 平板電腦、iPod 音樂播放器，不僅在市場上熱銷，更大大地豐富、便利人類的生活。

　　綜觀祖克柏和賈伯斯，他們的起步都不約而同地跟時代需求有著密不可分的關係，祖克柏觀察到大家需要的不再只是一個可以聯絡且能儲存的資訊，而是一個能聚集眾多朋友互動的平台；賈伯斯更突破一般人使用電腦的障礙，研發出大家都負擔得起、操作簡單的電腦。

　　當大眾的需求被滿足，生活進一步獲得豐富且得到改善，商機與利潤就會不斷產生，事業也得以成長壯大，所以，除了要嗅到時代的脈動與需求外，有勇氣踏出築夢的步伐，更是成功創業的關鍵。

　　以祖克柏來說，創辦 Facebook 時他還是哈佛大學在學生，面對名校的畢業證書與一發不可收拾的社交網路發展契機，他必須做出抉擇，幾經思考後，祖克柏做出一個改變他後半輩子的抉擇，於 2004 年成功推出 Facebook，第一週就有近半數的哈佛學生註冊，三週後哥倫比亞大學、史丹佛大學、耶魯大學等其他名校生也紛紛註冊會員，隨著 Facebook 的發燒，祖克柏的名聲在全球快速傳播開來。

　　「做你愛做的事，如果做你所愛的事，在逆境中依然有力量。而當你從事喜愛的工作時，專注於挑戰要容易得多。」這是祖克柏曾說過的話，同時也再次驗證，創業者若對欲開創的事業，有著豐沛的熱情和夢想，就比較能成功。其實祖克柏在進入哈佛大學時，也在自己不擅長的部分，耗費了許多寶貴的時間，後來才漸漸發現自己對網路有著很大的興趣，集中心力在社群網站的建構上，找到創業的方向和人生目標。

成功的創業者其首要人格特質便是充滿熱情，換個角度來說，就是具有強烈的企圖心、野心，並具備領導力和抗壓性（逆境智商，Adversity Quotient）及勇於冒險、追夢的基因；而一般上班族的人格特質較為循規蹈矩，尊重秩序。

有著公務員性格的上班族，喜歡一切按部就班、秩序井然，並不適合創業，因為創業的必要條件有熱情、企圖心及野心。比爾・蓋茲就是如此，從小便對電腦程式展現出熱忱，他的家庭環境很好，屬於中高產階級，讓他唸很好的大學，進入哈佛大學之後，每天專研電腦程式。

念大學有些必修學分，但比爾・蓋茲覺得不需要學這些必修課程，毅然決然地休學，專心研究。可見比爾・蓋茲對寫程式充滿熱情，對此深深著迷，深怕會漏掉什麼似的，而非一心想要賺大錢，最終果然寫出很棒的程式，也因此賺了很多財富，蟬聯好幾屆世界首富。

且當時全美運算能力最好的電腦正好就在哈佛大學，比爾・蓋茲就是借用這裡的電腦來研究。他在辦理休學手續的時候，只關心一件事情：「我休學後，還能使用學校電腦嗎？」校方回他：「可以呀，你只是休學，沒有真正離開學校。休學，是指在一段時間過後，還會回到學校唸書。」

比爾・蓋茲在休學期間致力於寫程式，而這個程式就是「DOS」，可用來控制整個電腦系統的設備及管理電腦系統的資源；它也是使用者和電腦之間的橋樑，透過DOS才能和電腦溝通，享用資源。但DOS不像現在電腦的視窗介面好操作，它完全是螢幕後面的東西，非專業人士是無法使用的，所以比爾・蓋茲抄襲了另一位天才賈伯斯的視窗概念，而賈伯斯是第一個想出視窗概念的人。

賈伯斯也是哈佛的休學生，但他的休學故事不像比爾・蓋茲那般美好。賈伯斯的父母其實是他的養父母，他的生母是位大學研究生，未婚懷孕生下他卻無力撫養，透過社會福利機構找到收養他的養父母；領養前，生母要求對方善待孩子，讓孩子順利念完大學，養父母也同意了。可是美國的大學學費很貴，賈伯斯知道養父母要供應他上大學相當困難，大一結束後便選擇休學了，且他認為讀大學的效益似乎不大，但休學後還是會到學校旁聽。

筆者當初念台大時，也能去旁聽其他科系的課，可以隨意去看其他教授在教些什

麼，沒人會管我，即便有人管我，只要出示學生證，證明我是台大的學生就好。賈伯斯就是如此，雖然休學，但仍留在學校聽課，只是不算學分，沒辦法領到畢業證書而已。

就比爾‧蓋茲抄襲「視窗」這件事，之後也衍生出賈伯斯與比爾‧蓋茲的「世紀大辯論」，在美國非常有名，辯論最後，比爾‧蓋茲承認 DOS 確實是抄襲賈伯斯的。

及時訂立明確的目標

明確的目標是所有創業者必須做到的基本前提，在創業之初，將自己想做的事業願景清楚勾勒出來是非常重要的事，祖克柏明確地知道自己的興趣與熱情所在，致力將 Facebook 打造成一個具有社會公共價值的社群平台，義無反顧地往此邁進，逐步完成自己的使命。

據說在二次大戰期間，如果有身分不明的士兵突然出現，且不能立即報出任務與使命的話，便會被視為敵軍，立即遭到槍殺。雖然這樣的說法有些駭人聽聞，但我想告訴所有創業者，在創業前找到自己人生的道路及使命，其實就跟這一樣同等重要，否則你自己與事業都將隨波逐流，過著無意義的生活而不自知。

每個人都有著不同的生命特質，包括獨特的能力、興趣與熱情、個性及過去的經歷，這都是創業者在開創事業前必須充分了解的，而不是看到市場需求增加，就一味地投入該市場，想藉此大賺一筆；那如果市場需求下降，你是否就此打住不做了呢？我想不管是賈伯斯還是祖克柏，他們固然都是先看到市場與社會的需求，才開始思考創業計畫，而他們遇到困難挑戰時仍能繼續以此目標前進，不外乎是因為深知自己的興趣與熱情所在，明白自己能做什麼及心中不斷堅持的理想與使命之間的關係。

以祖克柏來說，他小時候就很清楚自己想要什麼，青少年時期就已經在為美國線上（美國網路公司）編寫功能代碼，學會程式設計，奠定自己創辦 Facebook 的關鍵能力。此外，祖克柏也深深意識到，值得付出心力去做的事，大多都不是容易的，甚至是不可能的任務，但他專注、堅持自己的目標與才能，努力實現夢想，因而能有今

日這般成就。

　　祖克柏曾說過：「成功不是靈感和智慧瞬間形成的，而是經年累月實踐與努力的工作。所有真正值得敬畏的事情，都需要很多的付出。」所以，當我們在審視祖克柏或其他人的成功時，不能只看到其成功的果實，想想自己是否具備那不斷挑戰自己與解決問題的毅力。

你準備好
燃燒創業魂了嗎？

想要創業，你得問自己四個問題，首先，你的項目是什麼？項目是廣義的，它不一定是有形的，也可以是無形的，更可以是一種服務或某種構想，這些都可以叫項目。再者，你的創意在哪裡？是否需要團隊，要如何找夥伴或人才？

而且，思考這些問題的前提是，你必須具備領導力才行，你要明白現在是你要創業，不是加入別人的事業。好比說，如果你加入馬雲的團隊，那需要具備領導力的是馬雲，不是你；但如果你想成為像馬雲那樣的人，就必須自身要有領導力。

從金錢角度來看，創業所產生的附加價值，即為創業者的事業價值，當創業者增加 10 元的成本，就能增加 10 元以上的價值時，這就是一件創造事業價值的投資。例如，超商原本是零售業，現在能藉由店面，代收消費者的各類民生費用，從中收取手續費，創造更多的附加價值。

超商提高附加價值的商業模式，不外乎就是解決消費者的問題，而創業者則透過解決問題的過程，創造另一番事業，比如超商為了解決消費者繳費的困擾，提供代收業務，進而達到成為民眾「便利通路」的目的。所以，創業不一定是設立一間公司或做生意，它可以是廣義的，只要實踐某種創意、構想，哪怕是設立一個公益團體……等等，都可以稱為創業。

因此，創業者除了在解決問題中，創造出個人額外的價值外，也可以在創造新需求中，創造事業的營利價值，比如 LINE 憑藉著可愛且生動的聊天貼圖，創造新的需求，讓消費者購買下載，每年獲得相當可觀的營收，現在更橫跨通訊、娛樂內容、數位行銷、行動電商、金融科技、虛實融合 OMO，企圖將線上線下融合。

LINE 在台灣無疑是超級熱門社交軟體，以往的商業模式是讓社交圈發揮影響力，

轉化成利潤。現在除了個人化與智慧化服務讓
用戶的黏著度更為提升外，也深化了「帶貨」
的設計，社交與生活購物之間正在積極「無縫
結合」。

　　且創業者在創造需求的同時，就一定會解
決問題，這兩個互為因果，不能分開來看。以
LINE 來說，它看起來像是創造貼圖需求，但
其實也解決了大眾覺得通訊無趣的問題；所以，
創業者最好以解決問題為出發點，來思考如何創造價值，不要忘了創造需求，也能解
決問題，創造出自己的事業價值。千萬不要狹隘地從解決問題或創造需求這兩點，來
看自身事業價值，要懂得從兩者間的相互關係找出價值。

　　從創造需求來看，LINE 貼圖或許沒解決什麼大不了的問題，但貼圖其實引領潮
流，帶領人們進入一個更美妙的通訊生活，然後趁勢賺大錢。從解決問題的角度來看，
超商解決了繳費問題，也創造了代收需求，人類的需求欲望和夢想無邊無際，創造需
求與解決問題，同時並存於消費市場上。

　　創業者在創造事業價值時，必然透過「發現生活需求→製造市場需求→行銷需求」
這個過程，開創出前所未有的事業價值，就像 LINE 一樣，LINE 發現了人們可能想
讓通訊變得有趣，貼圖市場因而誕生，再用行銷貼圖來創造出消費者的需求，而後又
近一步與消費者的生活產生連結，推出各式不同的服務。

　　創業者創造的價值不僅是打造產品而已，更是創造出幫消費者解決問題的價值。
所以，產品價值是創業者跟消費收錢的基準點，沒有價值就談不上價格。大多時候，
產品價值即是創業者的事業價值核心，沒有產品價值的生意不可能長久；現在之所以
有這麼多免費線上遊戲，便是先創造出好玩的價值，等玩家認真投入想變強的時候，
再透過遊戲中的商城，儲值買金幣換取遊戲中的高等裝備，積少成多產生更大的營收。

 價值如何被創造

大多創業者剛開始創業時都懵懵懂懂，必須在過程中慢慢摸索，才逐漸了解事業價值該如何被創造。LINE 甫推出時最直接的價值，便是幫客戶節省「通訊成本」，只要藉由行動網路就能與他人聯繫，省去原先一個月 300 至 1,500 元左右的電信費，並搭配貼圖創造另一種營收價值，迅速取得極高的市占率。

還有另一個創造事業價值的方式——幫顧客節省「時間」。像 Uber Eat、Foodpanda、代客排隊……等等，「節省時間」的價值，對忙碌的現代人來說是很必要的，只要從這方面去思考自己的事業價值，商機自然會慢慢浮現。

接下來就是幫客戶省下「麻煩」。民眾認為繳費麻煩，因而誕生便利商店代收業務；沖洗底片麻煩，所以發明數位相機，現在的手機畫素更媲美專業相機，重量還來得更為輕巧；帶很多書出門閱讀很麻煩，於是誕生了平版電腦、電子書等閱讀工具。

創業者的事業價值就是讓消費者在意的事情簡化，並在省去麻煩的過程中創造新需求，不管創業者從事哪一行，只要能從食、衣、住、行、育、樂等各方面，深入人性深層需求，提供他們更好的產品，省去生活上的不便，就是在為自己的事業創造價值。

確認消費者問題並創造事業價值後，接著就能思考產品走向。產品走向就是確認客戶問題和價值訴求的存在，因此，一個好的產品只需要專注於解決問題，其他不必要的衍生功能都可以晚點再做，比如 Google 原先只是搜尋引擎，主要解決大眾尋找資料的問題，之後才又發展出其他功能解決市場需求。

所以，創業者一開始就必須先確認周遭普遍的問題與價值所在，再根據這個基點，慢慢地將你的項目、產品或服務更臻完善。

施振榮曾說：「創業就是要為社會創造價值，所以方法手段要有所創新。」換句話說，創造價值的手段若創新，就可創造新需求，如前面提到的 LINE 一樣，藉由貼圖各式創新圖案來造就更大的價值。

除此之外，創業所能創造的事業價值，不僅止於自己開店或合夥創立公司，就業也可以創業，只要在一個事業體中不斷協助該企業創造價值、提高企業的附加價值，並有創新方法，也等同於創業。

以施振榮創業為例，當年他剛就業時，進入時任的電子公司做研究開發，才有機會研發出國內第一台電腦，然後創立榮泰公司、宏碁集團，不斷創造新產品，最終成功打造出自己的品牌。

創造體驗價值

網路上有很多免費試用的優惠，包括試用品、遊戲軟體……等，讓各家商店也開始創造體驗環境，像是讓消費者試用手機、平板電腦等行動裝置。現在創業者已進入一個以親身體驗創造事業價值的年代，賣車也一樣，消費者買車追求的不只是這部車的性能、品質及維修服務而已，更要買一種感覺，一種體驗感；賣咖啡也是如此，在超商買咖啡跟在星巴克買咖啡，體驗到的感覺是截然不同的，價格自然也會因此產生落差，儘管他們使用的是相同產地的咖啡豆，但只要消費者喝咖啡的感受不同，就能創造更高的價值。星巴克從問候到咖啡杯署名、牛奶加熱、裝填咖啡粉，這一系列的過程就是要讓消費者感受到他們的服務，享受咖啡的香味及充滿人情味的親切問候，這些感官上的體驗，造就了星巴克獨一無二的價值。

同樣地，若你也想在消費者心中形成「高級」的評價，就必須塑造一種另類的體驗感，很多創業者會自滿於自己擁有獨家的口味，認為做餐飲只要好吃，就能吸引消費者，但現今消費者不只要求美味而已，還要有吃得快樂的「體驗感」！假設你點的餐點，是由擺一張臭臉的服務生端上來的，店內用餐環境又很糟糕，想必不會有消費者想上門光顧；只要消費者體驗到的用餐氣氛不佳，自然不會支持這樣的店家。

除了積極營造消費者好的體驗感外，更要讓顧客覺得物超所值，錢花得值得。舉例，星巴克一杯咖啡要價 145 元，為什麼還有人買？因為他們喝的不只是咖啡，更是店內的氣氛；但超商無法提供這種氛圍，只能走平價路線，所以星巴克比超商具有更高的附加價值，這也是創造體驗價值與沒有體驗價值的差別。而創造體驗價值有以下三個原則要把握。

1 吸引力

試吃、試用、試玩活動，是透過感官經驗吸引消費者注意，從注意到產生體驗，再從體驗到產生消費行為。許多網路遊戲，就是先設計吸引消費者體驗的行銷活動，透過試玩產生練功的體驗，如果消費者想增強戰力，就必須儲值買寶物，透過這樣的行銷策略，創造事業的核心價值。

2 溫馨感

如果消費者在餐廳用餐，突然收到一個生日禮物，感覺是不是挺好的？這就是所謂的「溫馨體驗」。到星巴克買咖啡時，店員會問對方的名字，然後禮貌地稱某某先生（小姐），讓店員與客戶之間的距離於無形中被拉近，比起加油站只會問加什麼油要好多了。

還有一些連鎖餐飲集團會主動幫用餐的客人慶生、唱生日快樂歌、拍攝紀念照，無非就是為了讓顧客有一個難忘的溫馨回憶，美味的餐飲不見得是顧客想買的價值，溫馨可能才是顧客要的。

3 獨特性

近年很多觀光工廠開放消費者體驗產品的製作過程，將原先枯燥乏味的生產過程，轉型為消費者難以忘懷的親身體驗，透過有形的商品及無形的服務，讓消費者可以一下當客戶、一下當員工，在角色互換的經驗中，留下難忘有趣的回憶。把商品視為道具，將消費者當作演員，完全參與投入商業演出，這時候獨特的體驗就會出現，

再透過這樣獨特的體驗，使客戶認同創業者的事業價值，進而成為產品的愛用者。

所以，創業也應該如同近年發燒的斜槓態度，擁有更多不同的附加價值，而這些價值，等同於支撐著斜槓的支柱，事業也不會輕易倒塌。就好比帕德嫩神廟，也是因為其結構有著多根支柱，才得以亙古不衰。

💡 創業是解決大家的問題，得到你想要的東西

其實創業如標題所述，透過這樣的過程，創造事業、創造價值，進而得到你想要的東西。Google 起初創辦時，就是想運用網路解決企業與個人的問題，無論是「人與人之間建立互動關係」還是「人與資訊之間的連結」，都是 Google 創造各種服務的本意，也因此讓 Google 創業成功，大發利市。

同樣地，當初 Apple 跨足零售業設立直營店賣電腦時，賈伯斯非常清楚 Apple 電腦的價值為何，他認為 Apple 並非只是「賣電腦」，而是要「豐富人們的生活」，所以 Apple 拋開傳統零售業重視店面設計、位置選定、人員配置的想法，以提供無微不至的服務取而代之。

這包括了提供「一對一的教學服務」及「提供顧客無限時間試用各項產品」，只要走進 Apple 直營店，你可以看到店裡的老老少少正學著如何用 Page 撰寫文件，以 Keynote 製作簡報，因為 Apple 知道，人們越喜歡使用他們的產品，就有越來越多的人購買，進階成為忠實愛用者。

果不其然，Apple 第一家直營店開幕不到五年的時間，年營業額就達到 10 億美元的規模，時至今日，他們已在全球各地開設逾五百間直營店，直營店的收入也成為 Apple 強而有力的收入支柱。

Apple 直營店成功獲利的經驗，再次告訴大家，若想成功創業，必須清楚了解自

已的項目、服務，其核心價值是什麼？就 Apple 來說，他們最終的產品核心價值就是「豐富人們的生活」，所以不僅產品的設計理念如此，在零售、直營店的經營也是如此，因而能在競爭激烈的市場上，維持領先的地位。

相信很多在猶豫是否使用 Apple 產品的消費者都會有這樣的疑問：我原先使用的是 PC，倘若改成 Apple 電腦，是否會有不適應或不習慣的問題？對此，Apple 透過直營店一對一的教學服務，由專人解說及顧客親自操作的方式，讓問題輕易被解決。Apple 直營店的商業模式再次證明，創業其實就是「解決大家的問題，得到你想要的東西」。

斜槓讓你無痛創業，
不怕兩頭空

話說，人的一生有七次機會，不管是窮人還是富人，每個人都有這七次機會，可以藉此改變自己的命運。機會大約會在 22 歲，漸漸脫離父母羽翼，掌握自己人生的時候開始，之後約有五十年的時間，以每七年為週期，產生一次機會讓我們掌握，一直到 75 歲之後，因為那時的我們也已力不從心。

第一次的機會是「家業機會」，在我們 22 歲至 25 歲間，正是我們步入社會，並開始談感情的時候，但這時的我們通常會因為過於年輕，而與緣分錯過。

第二次則是「學習機會」，差不多在 32 歲左右，這個階段的我們，心智已相當成熟，知道自己要的是什麼、未來怎麼走，大多都能抓住這次機會，為了更好的自己而去學習、改變，這次的機會對我們人生的歷程來說，是相當重要的。

第三次是「創業機會」，也就是本書的主軸，約在 39 歲左右，這個年齡區間並非絕對，只是大多數的人會在這個時期選擇創業。因為這個年紀的人，不管是從政、從學、從商，都有了些微的成績，因而想更上一層樓，進一步爭取升遷，或憑著自己的社會經驗，獨自闖出一片天。

第四次機會是「成長機會」，此機會通常會在中年時期來臨，但只能是錦上添花，很難雪中送炭了，轉換職業、謀求突破，使人生突然反轉的可能性較小。因此，在這次的機會，其邊際效用要小於前幾次。

第五次「人際關係機會」，約莫在 53 歲的時候，此歲數的人大多是位高權重的

前輩，但仍要做好人際關係，提防小人或誤入歧途。

第六次「學習機會」，在 60 歲的時候，我們已知天命，人生剩下的時間不多，所謂活到老學到老，仍應抓住最後的機會充實自己；但這次的學習機會跟第二次不太一樣，這時期追求心靈上的富足，不同於年輕時期，為了增加自己的競爭力而去學習。再來，最後一次「健康機會」，在 67 歲開始，健康狀況每況愈下，此時應注意修身保健，才能把握住最後機會。

人生第一次的機遇出現在 20 幾歲，但那時的我們，因為年輕不懂事，還不知道怎麼把握，失去第一次機會；最後一次機會，又已力不從心，狀況大不如前，不見得能抓住，所以又減去一次機會，因此人生能掌握的機會只剩五次。然而人生兜兜轉轉，中間可能又會有兩次機會，因為自己的各種原因錯過，所以，真正能改變你一生的機會其實只有三次，甚至更少。

人生很殘酷，選擇不多，機會更只有七次，但大部分人都是在失去後才懂得珍惜。不要錯過，更不要奢望能重來；人生不怕重來，就怕沒有將來，法國科學家路易·巴斯德（Louis Pasteur）曾說：「機會總偏愛有準備的人。」

在一生僅有的三次機會中，我們能做些什麼？我們該如何做，才不會錯過這三次機會，不讓它流逝掉呢？而僅有的三次機會又該如何把握？我想，最好的答案莫過於走好創業這步棋，它可以讓你抓住錯失的機會，甚至是創造機會！在創業中學習、成長，更在創業中完善人脈，並獲得財富和健康！

近年，「斜槓（Slash）」一詞在社會颳起一股旋風，讓大眾開始反思，創業帶給我們的是夢想、工作，還是更多的人生價值？其實，斜槓的概念在魔法講盟的課程中早就有了！現今，人人想擁有「斜槓」，但你真的了解「斜槓」是什麼嗎？

一般總認為斜槓所代表的即是擁有多重身分與多重職業，身上多攬幾份兼職，再貼上一些標籤⋯⋯等等，就是人們常說的斜槓；更不用說你白天上班，下班後又急忙趕去超商、加油站上大夜班的兼職工作，這樣的斜槓絕對是膚淺的，抑或是完全稱不上斜槓，別人只會認為你經濟困難，需要多份工作以賺取金錢維生。

斜槓，它代表的應是一種全新的人生態度及價值觀，核心價值不僅止於多重收入及職業，而是在生活與工作中取得平衡，創造不一樣的「多元人生」。斜槓身分是社

會發展下必然產生的現象，也是社會進步的體現，這種進步使人類能夠擺脫早年「工業革命」所帶來的限制和束縛，使原先被工作奴役、被生活壓得喘不過氣的我們，得以獲得釋放。

農業社會和工業社會先後把我們限制在固定的地區和工作場所，從事不具挑戰的重覆性勞動，不論是學校教育還是職業發展，人們都努力讓自己順應社會，使自己成為產業鏈中的「螺絲釘」，甚至是樂此不疲。

但如今不一樣了，隨著科技與網路的發展，加速社會的進程，生活產生了變革。今天，我們知道人生不應該是如此，生活是由我們在過，我們不為誰，只為自己而活。當然，在實現多元人生的前提下，產生多元收入也是必要的。

時代的進步，為有能力的人提供了擺脫組織、公司束縛的可能性，他們得以靠自身才能，獲得豐厚的收入，過上充實且無慮的人生。跟過去相比，我們現代人是何等幸運啊！能改變自己的人生，而非過往那種階級制度，即便你有野心，也會被窠臼的枷鎖，禁錮住個人發展。但斜槓者的生活方式，相當考驗自身的實力，只要觀察那些成功斜槓者，不難發現他們是自制力強、經歷過長時期的自我投資與累積，並擁有競爭力的人。

正如我曾出版過的《N 的秘密》，內容主要講述提升核心競爭力，避免被高速發展的社會淘汰，且除了核心競爭力外，我們的專業不能單只有一種，更要朝 π 型人前進。但現今，π 型人或許也不再能順應社會趨勢的進展，所以衍生出「斜槓（Slash）」一詞，代表著個人價值的再提升，像我總強調的：「你不只強，還要更強」。

所以，並非是擁有很多的職能或兼職，就是斜槓，這我完全不認同。且現在的社會形成一種亂象，拼了命去學習多種專長，認為這樣才能創造各式不同的身分，甚至是多重收入，卻又不知道該從何著手。擁有多一項專長固然是好事，但這樣可能反倒讓你變成亂槍打鳥，花了學費卻沒有絲毫效果。

多重收入已不是每個人「想要」而已，它早變成一種趨勢，對我們來說甚至是必

要的，為什麼？你知道現在上班族最擔心什麼，那就是勞保破產呀！有些人可能滿足於每月有筆穩定的收入，便在同一職位上工作到退休，然後領退休金頤養天年，這樣的想法固然美好，但計畫永遠趕不上變化，因為勞保破產的話，退休金可能拿不足額。所以，你覺得多重收入到底重不重要呢？因此，若想過得更好，你更是要朝「財務自由」前進啊！

且現今科技日益發達，AI 智慧、機器人又不斷革新，每天睜開眼打開新聞，又有什麼新發明誕生，若你只滿足於現在那看似「穩定」的工作，勢必是要吃悶虧的，你的工作遲早會被取代。

不曉得讀者們有沒有發現，近幾年有越來越多「無人店」及自助式販賣機設立，比如 Wal-mart 對抗 Amazon，特別籌劃無人超市專案；為解決老齡化問題的日本便利商店；中國現在大多只接受電子支付商店等。按世界經濟論壇（World Economic Forum）的估算，一旦所有自動化技術都投入使用，全球可能有 30 至 50％的零售業有消失的風險。

最明顯的例子便是自助式販賣機，發展數十年的自動販賣機，如今已成為風口上的新潮產品，讓超商、蛋糕店、銀行等產業，不約而同注意到這塊市場。從夾娃娃機、電話亭 KTV，到郵局二十四小時寄取的「i 郵箱」服務，隨著支付系統逐漸成熟，已讓無人販賣大行其道。

無人販賣機將「物流、商品採購、金流、物聯網」與機台串聯整合，和傳統販賣機相比，新一代的自動販賣機有多元支付、多元產品，其智能的背後就要有相對應的技術來實現，透過各界專家的合作，打造出更穩健的商業模式，此模式可謂是「組合式創新」。

各界談論物聯網已久，自動販賣機正是零售產業面臨金流、物流整合，以及虛實整合的「新零售」時代的一個解方，讓無人商店成為趨勢。

就台灣來說，無人商店確實是有市場需求的。第一，據統計全台便利商店數量超

過萬家，密集程度居全球第二，便利商店面臨人力不足的困境；第二，台灣偏遠地區或小型社區雖然非人潮聚集處，但也有便利商店的需求；第三，無人商店並非是完全取代人力，而是協助店員簡化繁瑣的例行工作，將人力投入在更有價值的事情上；第四，全球 COVID-19 蔓延，無人微型商店加速零售業轉型智慧化、自動化，衍生出「無接觸」的購物模式，以符合順應疫情的社會需求。

英國諮詢公司（Retail Banking Research）進行計算，全球自助結帳機的數量，於 2021 年會增至三十二萬，且會持續增加。在未來幾年，光是在北美地區，雜貨店、收銀員與打包人員就會分別減少四萬和三萬人，試問你的工作呢？

因此，在大環境日益的轉變下，你更要驅使自己改變，想辦法提高自身價值，擁有專長不重要，重要的是如何讓專長不被取代；你有技能不重要，重要的是如何讓技能創造出更多的財富？思考如何整合專長、技能，成為自己不可被取代的關鍵，更以此為財務自由的出發點。

創業也是一樣的，你不能將它視為一份屬於自己的工作而已，要將它視為企業來經營，這就好比稻盛和夫提出的阿米巴經營，把自己的能力發揮到極致，所有考慮跟決定，都要經過你的內化、整合。

因為企業任何一項的改善或惡化，都會對收入造成影響，且隨著斜槓意識抬頭，你所能提供的專業只會更稀缺，若用物以稀為貴的道理來說，多重專業的價值，也會隨著斜槓的增加而提高。

因此，先試著把自己的時間價值提高，讓你能更有系統地運用資源，但真正關鍵還是將自己的技能和資源加以整合，而不是單純出售自己的時間，千萬別跟我說你的斜槓策略是白天上班，晚上再去兼職，這是多麼低層次的斜槓，就筆者認為，這甚至稱不上斜槓。

那站在創業的角度，身為創業者的你，該如何成為斜槓老闆呢？

📍 成就斜槓創業，先從自身專精的利基開始，不要一心想去學習多樣專長。因為，「多工」往往源於同一利基！所謂「跨界績值」是也！

📍 成為斜槓老闆，是你創業後的結果，不是你創業的原因。

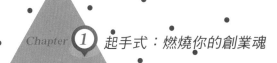

📍 專精後，仍企圖擁有更多專長，先 π 型再斜槓，創造更稀缺的價值。

你要謹記，發揮斜槓的價值，不只是單純出售自己的時間，汲汲營營地為事業賣命，而是要進行資源整合，將一切價值最大化，你的創業才會成功。

💡 人生觀念的根本轉變：價值，不只有金錢可衡量

為什麼我一直重述利用零碎的時間兼職不等於斜槓？因為斜槓進階來看，它還是一種變現的概念，可以是「知識變現」、「流量變現」、「粉絲變現」……等等。

自從「知識經濟」的經濟型態出現後，運用知識資訊促進經濟成長、推動市場發展成為常態，隨之而來的，便是創業市場上出現許多以知識或技能為導向的事業。知識變現已不是什麼新鮮事了，通常最快的方式便是出一本書或是開設線上課程，有數據顯示，2025 年全球的線上教育市場規模將達到 3,500 億美元，商機無限啊！

所以，魔法講盟也傾力於培訓課程之中，不管是線上或實體課程，把知識轉化成產品或服務，因為消費者所需要的不僅僅是知識本身，而是知識的形式，產品或服務則是從解決問題的角度出發，只要能滿足市場需求，無論最後的項目是有形商品還是無形服務，都能創造出利潤空間。

因此，當你試圖創造斜槓時，可以檢視自身既有的知識技能資源，想想自身的知識或技能是否能提煉出「市場價值」？又有哪些人可能因為這些知識或技能的協助，而滿足需求、獲得益處？不僅彰顯知識經濟創業型態的活力與前景，也讓知識技能與實務經驗、市場需求妥善結合，如此一來，就有可能爆發出意想不到的經濟能量。

每個成就斜槓者，都有自身的動機與原因，比如追求理想的實現、證明自我能力、

積極累積財富、建立符合自我期望的生活模式等，但對方在談及成長歷程時，你聽到的肯定是他們一開始根本沒想過成為誰，直到許多事件的累積與思緒震盪後，才意外認知到自己的人生型態已產生改變。

且，如果你具備某種專業知識，你除了能在特定領域中發展外，也可以利用知識與經驗的延伸、發散與移植，尋找出潛在的服務與需求對象，繼而開創一條市場出路。但假使你不打算在與自身學識相符的領域中發展，又或者沒有特別專精的知識技能，只有一身在社會大學打滾所累積到的工作經驗也別擔心，你依然可以加入知識經濟的行列。

有句話說：「沒有用不到的工作經歷。」從實戰工作中獲得的知識與技能不僅寶貴、具有實務操作性，也能在融會貫通後彙整成「複合性」的知識技能，只要懂得加以運用，在面對市場、創造需求時，它就是使你充滿價值那最有力的武器。

將既有的知識技能加以重整、揉合、再創造，繼而將之拓展、擴散、應用於市場及社會，這意味著即便你最擅長的是拿著抹布與拖把整理居家環境，也可以試著把家事清潔的相關知識技能轉化成生財資源。而在運用自身知識技術創業時，如果你能掌握幾點關鍵，加以「舉一反三」，不僅有益於斜槓鑄成，更可能找到創業契機！

1 突破慣性思維，找尋利基市場

許多時候，人們會以既定的思維，來運用自身的知識技術，導致潛在市場價值被低估。換言之，你所擁有的知識技術在 A 市場或許表現平平，但經過轉移、重組、揉合後，很可能在 B 市場滿足某些人的需求，甚至開發出潛在商機。

好比 Dyson 未在電風扇裡放置葉片，反而發展出具強力氣流的無葉片風扇；磁浮列車捨棄車輪，卻能以超過 500 km/h 來高速行駛；冰淇淋外層裹上海綿蛋糕，竟能隔絕熱油，製作出炸冰淇淋，這些都是突破思維慣性的逆向思考，為知識技術挖掘出利基市場的成功創業案例。

然而，人類並不擅長思考，我們從小就被灌輸無數的規則，導致思考常常受到侷限，甚至僵化。試著學習建構放鬆又自由的腦內環境，就能突破框架，將自己打造成在人工智慧時代也不會被輕易取代的創意腦。

任何類型的交易都是「互通有無」的經濟行為，我們要以彈性的思維，檢視自己的知識技術資源庫，思考你能提供的服務或商品有哪些優勢，只要你握有他人願意用金錢交換的服務或商品，即便最後目標對象落在小眾市場，也能創造出自己的價值。

2 從生活經驗洞察市場需求

不要將挖掘市場價值想得太過艱難，最快速又最有效的方式，就是從你自身的生活經驗中探索！尤其是你掌握某些知識技術時，務實地思考它們能幫助哪些人解決生活問題，可以讓哪些事情變得更為便利，從最實際的生活需求中，去展現你的價值並獲得成功。

3 善用背景與人脈資源

專業象徵著可信度，當你的知識技術歸屬於專業級別，尤其還領有某些證照時，將之運用於可供發揮優勢的市場，不僅能創造收益，還能營造出專業人士的形象，讓他人對你提供的服務或商品產生信任感與忠誠度。

此外，務必妥善經營並累積你在該領域的人脈，因為他們拓展出來的相關資源，通常能助你一臂之力，且日後很可能會以某種形式，成為你的事業合作伙伴。

隨著文明科技的持續發展，人們的生活型態經常發生變化，進而從中衍生新需求，但這些新需求通常可以藉由既有的知識技術重組或整合獲得滿足，所以當你嘗試開創其他價值，卻不知從何著手、感到茫然的時候，不妨回頭檢視自己的知識技術資源庫，或許能讓你的想法有所突破，引領你邁向多元人生的坦途。

過去我們在考量職涯時，基本都只有一種策略：縱向單一發展，根據自身優勢決定職業，再慢慢往上爬。而現在，斜槓帶來一種截然不同的策略：橫向多元發展，也就是根據自身優勢與愛好發展多種領域，並獲得多重收入，若可以，你更要朝財務自由前進。

斜槓轉正當老闆，
讓職涯有更多選擇

　　根據一份調查報告的結果顯示，大多上班族會因薪資過低萌生兼職念頭，不過仍有不少人是有兼職意願，卻遲遲沒有採取行動，原因除了不知道自己可以做哪些兼職外，還包括下班時間不固定、正職工作量太大無法分心兼職、擔心身體健康無法負荷等因素，至於兼職者則有四成多的人打算慢慢將兼職轉為正職，藉此累積個人的創業資本。

　　這份報告突顯出一個現象，在經濟不景氣、薪資不如預期的時候，多數人會希望透過兼職增加收入、尋求出路，而對於有意創業的上班族來說，兼職不僅是賺取創業資金、累積實戰經驗的途徑，有時透過接觸消費者的第一手「田野調查」，也能收集許多具有建設性的資訊，進而有效完善自身的創業計畫。

　　無論是上班族、學生或家庭主婦，想創業當老闆卻苦無資金與時間，那「斜槓創業」就是一種可以利用有限時間累積資金與資源，逐步打下利基市場基本盤的創業模式。

　　一般來說，選擇斜槓創業的人，多半會以正職為主、創業為輔的模式進行，但如果做事漫無章法，無法將時間安排得當，忽略體能負荷等問題，最後很容易演變為只是單純賺取額外收入，無法實踐創業。

　　有鑑於每個人斜槓創業的情況不同，筆者與各位分享幾點，讓你能事先了解斜槓創業應掌握的要點，繼而在投入創業前做好完善的規劃。對那些有意以斜槓來改變人生，作為創業起點的人來說，在採取行動前要先建立以下三個基本觀念：

1 先求兩者兼顧，再談創業轉正

　　斜槓創業者首要考慮的，絕對不是如何榨乾時間從事複業，而是如何將自己的價

值有效變現，又能避免影響原先的工作或家庭生活，比方有正職工作的人，必須區分出正職與斜槓的主次順序，盡量不要在上班時間從事自己的斜槓事業，或利用公司資源來圖利自己，一來能避免勞資糾紛，二來也能兼顧正職與另一發展，等時機成熟、條件備齊、事業基礎穩固後，再全力衝刺個人事業，大幅降低創業失敗的機率。

舉例，某一企業的行政助理，他在企業中眼見同事彼此競爭，不禁想起在校時籃球社的團隊默契，興起斜槓念頭。他將自己的事業連結對戶外運動的興趣，線上分享健康、體態管理觀念，線下邀約夥伴一起溯溪、進行冒險闖關遊戲等。斜槓生活，讓他得到目標一致的隊友們，互助合作，獲得利益同享的成就。

還有一女學員是這樣開展斜槓的，她白天是一般企業的上班族，因工作時間固定，所以選擇用下班時間經營另一斜槓，首先學習不同領域的知識，習得美容證照後，創建一美容社團經營，分享美妝、保養心得，現在的她可小有名氣，同時解鎖財富和精彩生活。

另有一學員向我分享創業歷程，他說自己還在念書時，就已設定好人生目標和方向，大學畢業後便以他喜愛的咖啡來創業，待咖啡事業漸漸穩定後，他思考著替自己增加一項斜槓，試圖將興趣和美食生活圈連結起來，最後決定以直銷來斜槓，透過直銷團隊開發新的顧客，再引導到原先自有的咖啡事業上，將營養講座結合咖啡主題及咖啡教學，將專長和興趣延伸，展開斜槓生活。

根據上面的案例，你會發現傳直銷，其實就是最好的斜槓創業，投入成本最小。在你選擇以斜槓創業踏出經營個人事業的第一步時，顧好正職工作，並為自己的創業計畫做足準備，是保守穩妥的低風險做法。

尤其當正職收入是重要的經濟來源，但你的條件還未備齊，對於即將投身的創業市場也不夠熟悉時，與其貿然辭去正職工作，面臨可能發生的經濟壓力與創業的挫敗感，不如以本業賺取穩定收入，一邊了解市場趨勢、摸索營運模式，累積創業需要的人脈、資金與市場經驗。

2 做好時間、健康與資源的管理和規劃

斜槓創業者必須妥善管理時間、健康與資源，無論是運用下班時間還是空閒時段從事複業，都應從整體效益的角度做好相關規劃。舉例，有些人會認為，利用下班後的時間斜槓可有效發揮創業效益，但如果你的斜槓必須消耗大量的勞力或精力，甚至犧牲睡眠時間，就很容易在白天精神不濟，影響到正職的工作狀況，且埋下拖垮身體健康的隱患。

從長遠的創業效益來說，這類看似有效益的做法，其實潛藏著高風險、高成本，結果反而得不償失。因此，斜槓創業前，應先想想自己有哪些時間可以利用，及如何依據正職工作量、斜槓項目的性質內容與總體精力的消耗程度，規劃出適當時段，避免因為急於求成，導致斜槓項目未上軌道前，就因為工作表現不佳被辭退，身體健康又亮起紅燈的窘境。

對那些斜槓創業者來說，創業只是本業外的另一斜槓，不像全職創業者能投入所有的精力來經營，因此要將可用時間、可用資源規劃得更有效率與效益。你可以養成一種心態，尋找日常生活中的獲利點子，想想平日開車上班的路途中，街上可能出現什麼？仔細留意周遭可能出現的事物，好點子都是不經意現身的。

比如這些人要到哪裡？他們開車是準備去上班還是外出辦事？如果你有車的話，或許可以加入共乘服務，先送完別人，自己再去上班。其次，從車窗看出去，思考那些步行的人在做什麼？也許其中有些人在遛狗或抱著雜貨，而他們很有可能願意付錢請人幫忙做這些事。

有許多事情只要稍加思考，都可以變成你斜槓的契機點，而且隨著你的口碑流傳出去，除了有更多的工作外，還能收取較高的價格。因此，如果你注意到一家咖啡館外排著一條人龍；你看到自助洗車場外排著一排汽車，不妨思考一下：這些人在做什麼？他們可能需要什麼？

這些想法都是很好的起點，但如果你看得更仔細一點，會漸漸察覺到更好和獲利更高的點子，畢竟斜槓創業不應該只是另一份工作而已，它應該讓你的生活過得更輕

鬆，而不是更難。

　　且現實中，創業要考量的不只是市場商機，還包含長遠經營的可能性、相關法規的了解、獲利模式的建立等等，所以在斜槓創業前，最好還是清楚擬定未來的事業發展方向，避免原先創業的初衷，演變成兼差打工。

③　培養「老闆思維」，以「全職心態」看待

　　斜槓創業者，要讓自己做好拉長戰線的心理準備，因為礙於有限的經營時間和斜槓事業的類別，許多時候創業的成果未必能馬上顯現，若是欠缺犧牲享樂時間、經營複業或斜槓人生的決心，耐性及抗壓能力低落，一旦遭遇挫折很容易半途而廢。

　　一般來說，斜槓創業者在選擇未來要發展的事業時，如果挑選的是符合自身興趣專長的事業類別，通常有助於激發動力與續航力。當然最重要的，你必須以「全職心態」來看待個人事業，培養自己的「老闆思維」，這才是提高創業成功機率的關鍵。

　　無論斜槓創業者的創業歷程時間長短，過程中都應確認自己是否混淆了斜槓創業與兼差打工的界線；換言之，當你能以經營事業的角度來思考事情時，你才不會迷失於眼前的短暫收入，能站在更高的局勢位置，投入精力去設想怎麼做，為日後的自主創業排除困難；有效學習市場經營、財務控管、行銷策略乃至於品牌管理的知識經驗，真正減低創業失敗的風險，更有效累積個人的創業籌碼。

以兼職的方式創業，用全職的心態經營

　　透過上述案例及三大基本觀念的介紹，我們不難發現成功的斜槓創業者，都有一個共通特點：以兼職的形式創業，用全職的心態經營。這意味著在完全自主創業前的準備期間，我們就要體認到自己是個老闆，對於時間和資源的規劃、營運知識的學習、商業模式的摸索等等都必須有所規劃及整合。如果你正準備開始斜槓創業，筆者羅列三大要點，能幫助你構思創業計畫的相關方向。

1　別忙著計算額外收入！設定並關注對未來發展有益的目標

　　一般而言，多數斜槓創業者會先從小額資本、不需添購過多生財設備的產業邁出第一步，且在初期，除計算投資報酬率外，你還要設定並關注有發展性的目標。假設你打算販售實體商品，無論商品單價高低、銷售通路為何，都應記得觀察客戶對商品的評價與喜好，了解目標客戶的消費特性，尋找最佳的行銷模式；從「做中學、學中做」所獲得的實戰經驗，不僅能幫你逐步養成商業靈敏度，也有助於擬定個人事業的營運方針與品牌策略。

　　此外，如果你計畫以自己的知識技能投入，建立專業形象、強化客戶服務流程、培養忠實客戶將是第一要務，因為口碑行銷通常最能吸引目標客層，逐漸形成利基市場，只要你能獲得目標客層的信任與支持，就能替未來自主創業打下堅實的市場基礎。

2　運用人脈資源，創造斜槓創業的助力與優勢

　　斜槓創業要投入的心力絕不亞於主動創業，必要時你甚至必須尋求他人的援助，因此，若能在正職工作中，建立有效的人脈資源，並妥善運用，反而能成為你斜槓的優勢；且如果你對未來要發展的事業類別與市場環境並不熟悉，那在斜槓創業的過程中，培養並累積業界人脈就更至關重要了。

　　好比零售商、通路商、批發商等業內人士，他們能提供實質的市場建議，若能建立長期的合作互惠關係，對雙方來說都是一件好事，尤其在創業後，他們將會是一股強勁的助力。

　　值得一提的是，當你有意找尋合夥人一起創業時，多一個人固然能多一份助力，倘若雙方沒有良好的溝通模式與合作默契，未來很有可能會花費太多時間在化解內部矛盾上，所以選擇合夥人時，務必慎重考慮人選，仔細評估雙方合作的可行性，至於相關的「責、權、利」更應劃分清楚，以免衍生糾紛。

3 建立斜槓創業的風險控管機制

　　斜槓創業者所付出的一切努力，皆是在為創業做好充足的準備、提升創業成功的機率，而放下正職工作，專心衝刺個人事業的時機點，至少應符合兩項條件，一是收入已能因應辭掉工作後所損失的薪資，二是斜槓的事業已擁有利基市場的基本盤，且業務量呈現穩定成長。當收益與事業發展前景明確可期時，斜槓創業者再全力經營自己的事業，不僅可以確保創業後的營運能立即步上軌道，也能有效降低失敗風險。

　　此外，當你碰到斜槓創業的發展情況不如預期時，與其埋頭咬牙苦撐，不如找出問題做出調整，也許是你對自己選擇發展的行業類別評估有誤，錯估了自身創業的能耐，或是實際營運方式不夠成熟等，唯有理清問題，才能做出明智的應變措施，避免蒙著頭走了冤枉路，讓創業計畫草草收場。

　　且儘管你的創業夢是先從微型的斜槓開始，也需要足夠的熱情、耐性與衝勁，更要時刻充實自身的創業能力、做好自我管理。而當你藉由工作經驗、自身專長、興趣嗜好、市場商機交叉評估出適合自己發展的行業後，除了應掌握正職與斜槓的平衡發展外，也應把握斜槓創業中遇到的各種學習機會，努力補強當老闆該具備的知識與技能；只要能從實戰中獲取市場經驗，累積創業籌碼，即便時程拉長，也終將以安穩而紮實的步伐邁向創業成功之路！

Chapter 2

有創意就能無痛創業

以最無痛的方式，開創最大志業，
讓你成為 2% 的創業存活者！

- 如何將創意昇華為創業？
- 創意商品化 vs. 商品創意化
- 冪定律讓你的邊際成本降為零
- 借力創業，事半功倍

如何將創意昇華為創業？

　　想成為一名創業者，就必須要有獨特的創業思維，如果創業點不符合現代經濟市場的要求，不考慮用戶需求，那這個創業構想基本上是失敗的；一個好的創業點子，會深刻的影響創業者的成長和發展。一項針對全球二百位創業家所做的研究發現，創業的好點子來自於改良型、趨勢、撞擊、研究，不同類型的創業點子，都有著不同的創業流程。

1　改良型創意

　　創業者針對市場上現有的產品或服務，進行重新設計或改良，比如 Samsung 針對 Apple 已有的手機功能改良，內化為自己的研發技術；王品餐飲集團針對市面上成功的餐飲服務模式，改良成王品集團文化的服務模式。

　　一般來說，從市場上成功的產品行銷經營模式加以重新改良，比創造全新的商業模式，更容易贏得消費者青睞，在執行風險上相對小很多。許多成功的創業型態，一部分來自過去的經驗，例如手機研發商計畫推出一款新手機，根據 Android 系統過去的應用經驗，改良出另一款式的產品服務。

　　又比如 Ezy Stove 易爐之木柴煮食爐，隨著文明日益進步，人類在烹煮食物的爐火越來越講究。但讀者們可能不曉得，全世界尚有數十億人是在露天的環境下，以簡易爐灶烹飪食物，貧困地區更僅能以柴火作為燃料。

　　那要如何讓這些地區的人民既可以保持傳統，又不危害天然環境、安全便利地烹食呢？瑞典工業設計公司 Veryday

EzyStove 易爐。

與非洲納米比亞合作，以低收入戶者為設計對象，設計 EzyStove 易爐。

易爐，顧名思義就是方便好用的火爐，換言之，就是將當地人習以為常的簡易煮食爐灶，經過設計改良，整座火爐使用易導熱的金屬製成，不僅能降低 40％的木柴量，也能減少油煙汙染，牛糞、垃圾都可以作為燃料。

此外，Veryday 也考量到烹飪者使用的鍋具大小不同，因而在外型上加裝一層圓形支柱，不僅可以支撐不同炒鍋的大小，更能保持平衡，避免傾倒造成傷害。簡單卻完整的設計，更具環保概念，不但取之於當地，更用之於當地，將成本控制在低收入戶可負擔的範圍內，同時，整座爐從包裝、販售到維修都在當地完成，減少碳足跡。

當地民族使用易爐烹煮食物。

因此，創業者若能採取深耕策略，聚焦於滿足原有市場顧客群的需求，發掘現有產品、服務新的需求缺口，配合生活型態需求改良現有服務模式，便能擴大既有市場。

2 趨勢型創意

依照新趨勢所衍生出的創業點子，發現大量上、下游相關軟硬體產品與服務的創業機會，例如前面章節提到的 LINE，隨著手機應用普及，推出各式服務，又好比日本 Lawson 便利超商，根據熟齡族群增多的趨勢，推出新型店舖「Lawson Plus」，提供新的產品與服務，以滿足這類族群的需求為主。

連鎖家具 IKEA 也固定釋出低價優惠，以滿足現有的客群，開展新的服務，這類服務著重於顧客互動，以新的互動模式開放客戶的新需求。對這些業者而言，除跨領域整合外，亦可透過建立次品牌，區隔不同的顧客調性與訴求。

3 撞擊型創意

創業者突然被某些事情刺激、震撼，因而產生一連串的創業點子。這類型的創業者，平時生活對環境的觀察力相當敏銳，能根據周邊環境的變化，隨時做出商業判斷，轉化成商機，比如說美國牛仔褲品牌 Levi's 創辦人以舊金山淘金熱這個現象，撞擊出以堅固耐用的帆布製成褲子的構想，用帆布料製作牛仔褲，找到新商機。

另舉一例，我們現身處於便利的世界，飲料、零食、生活用品等各類消費品可以放在自動販賣機裡銷售，而德國柏林的亞歷山大廣場設置了一台耐人尋味的自動販賣機，專門販售大眾的良心。

良心販賣機。

這台販賣機表面上銷售的是一件 2 歐元的廉價 T 恤，但消費者投幣後，T 恤並不會馬上掉落至取物口，反而會在屏幕上跳出一支二十秒的小短片。影片畫面中，紀錄了 T 恤的製作過程，有一群被剝削的血汗勞工日以繼夜的工作，這群勞工絕大多數為婦孺，每日工時最少十六小時，擁擠密閉的工廠裡，盡是一雙雙疲累不堪的眼神，最後能獲得的薪資卻相當微薄，但他們沒有其他選擇。影片播放完畢後，螢幕再跳出一道選擇題：你會購買 T 恤，還是選擇捐出方才投入的 2 歐元？

有 90％以上的民眾都會選擇捐出 2 歐元。設計這台自動販賣機的天聯廣告公司（BBDO），掌握一個觸動人心的訣竅，透過趣味的互動機制，以不同於上述 Levi's 的撞擊型創意，讓大眾自然而然理解產業背後的道德倫理議題，進而願意按下捐款的按扭，成為改變壓榨勞工生態的一份子。

4 研究型創意

這類型創業，以專業技術研究為主，透過系統研究，發現創業機會。有間電源供應器工廠，就針對 Wi-Fi 無線系統，研發出 Wi-Fi 無線旅行路由器及充電器，擁有這項專利的新產品，整合轉換插頭、充電器、USB 及 Wi-Fi 分享的多功能，便於多國旅行者使用，推出後頗受市場青睞。

經過一年推廣期，已有美國、荷蘭、日本等國的客戶陸續下訂單，在市場熱銷；他們還將 Wi-Fi 無線系統硬體設備的核心技術向外延伸，在現今發展快速的汽車電裝市場，推出「智慧型汽車電池充電器」、「車用直流轉交流電升壓充電器」等系列產品。這間以研究創意為主的公司，僅用單一 Wi-Fi 無線系統硬體設備，便拓展出各式不同的產品系列，在市場中占有一席之地。

看完上述創意案例，想必讀者肯定想問：「那要如何尋找創業的點子呢？」我與各位分享以下幾點。

1 透過組合性思維發現點子

在閒暇時間，試著將兩種或多種不同的產品結合起來，想像它們會變成什麼樣子，能否帶來什麼效益。暢銷作家史蒂芬·金（Stephen King）說：「這樣可以碰撞出很多創意來，但你要有心理準備，因為大多可能都是不好的點子。」雖然有可能想出一些可怕的點子，但也有機會想出奇妙的好點子。

2 從問題中發現點子

創業者善於發現身邊的問題，看看這些問題是否普遍存在、是否已有解決方法。矽谷創業教父保羅·格雷厄姆（Paul Graham）說過：「創業者需要去發現身邊的問題，而不是憑空想像。」讓你頭疼的問題說不定就是潛藏的商機。

不曉得各位是否有聽過冰啤酒原理？

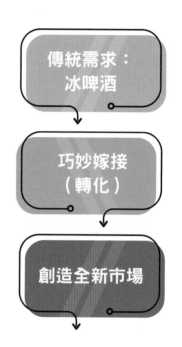

傳統需求：
冰啤酒

巧妙嫁接
（轉化）

創造全新市場

- 最初，人們需要的其實並非冰箱，只是想喝一杯冰啤酒。
- 企業為了滿足用戶想喝冰啤酒的需求，因而研發出冰箱。
- 用戶使用冰箱，覺得喝啤酒非常爽，進而喜歡上冰箱，開始用它來冷凍、冷藏其他食品。
- 最後，原先主要用來「冰啤酒」的產品，變成現今冷藏、冷凍的神器，創造全新的市場。

冰啤酒原理可謂 Apple 打造顛覆性產品的秘密之一，將產品巧妙嫁接。Apple 首先推出 iTunes，讓用戶將音樂匯入其中，方便進行管理，滿足用戶在音樂檔案管理上的需求，而後推出 iPod，以「將 1,000 首歌曲裝進口袋」口號在市場上一炮而紅，且用戶先前已有使用 iTunes 的經驗，自然能接受 iPod 這項產品，且其簡約新穎的外表更讓消費者愛不釋手。

之後 Apple 推出的革命性產品 iPhone，也是從 iPod 的基礎上所衍生，iPod ＋一台可連網的移動設備＝ iPhone。Apple 基於用戶與日漸增的需求，平行移植原產品的優點並加以改良、創新，滿足用戶新的使用需求，讓自家品牌的產品鏈成為不斷再生的生態系統。

3 從市場空白處找點子

如果你的創業點子無法成功顛覆原有產品，不妨試著分析產業巨頭都在做什麼，有什麼是他們忽略、又恰好沒有其他企業重視的，以這個被他們忽略的空白市場作為切入點。

史蒂芬・金在 2003 年創立 Hot Picks 公司時說：「在吉他撥片的產業中，他發現市場上沒有可以用來收藏的新奇撥片，且市面上的幾大品牌公司正好還沒切入這個領域。」於是他設計了一種頭骨形狀的撥片，填補這一空白市場，之後成功在千家商

店販售，包括 Wal-mart 及便利商店。

4 在超前的認識中思考點子

很多成功的商業創意總是超前的，當一個新興產業出現時，必然會出現改朝換代的潮流，造就一個巨大的市場，但在擁有超前意識的同時，還要耐得住寂寞，具有超乎常人的毅力才能成功。

好比美國無線電通信技術研發公司「高通（Qualcomm）」，從手機晶片業務跨足到汽車領域，2016 年時和高級車品牌 Audi 合作，作為向產業提供資訊娛樂應用的處理器開端，自此替自己打開汽車領域。2019 年，推出第三代 Snapdragon 汽車駕駛座平台；2020 年更推出自家首個自動駕駛解決方案 Snapdragon Ride 平台。

數據顯示，高通解決方案的訂單總估值達 83 億美元，與三年前的 30 億美元相比，收益躍升，且在全球領先的二十五家汽車製造商中，有二十家選用第三代 Snapdragon 汽車駕駛座平台。

智慧型手機領域，高通的技術主要範疇於無線通訊和行動運算的相關領域，它建構了廣泛的 CPU、GPU、DSP 及 AI 等產品的 IP 組合。如今的智慧汽車更像是一個具有四個車輪的智慧型手機，某些分析也認為，在汽車的數位座艙領域，人們對於智慧汽車的數位化需求也可能會從手機複製。

把連接技術從手機延伸至汽車領域是高通超前的戰略之一，布局車聯網技術已有二十年之久，數據顯示，目前全球有逾一億輛汽車採用高通的汽車無線解決方案，在這些汽車上面，搭載的是高通九代的技術。通訊技術、數位座艙以及開放平台，都賦予高通在汽車領域中延續智慧型手機技術和產業優勢的機會。

5 從價格與價值上思考點子

如果市場上有熱銷產品，但因為高昂的價格，只能服務於那些有錢人，那這就是一個巨大的潛在市場，俗話說：「人往高處走，水往低處流。」不管是窮人還是富人，每個人都想在自己能力承受範圍內享受到更好的服務，如果能讓一個專屬於富人的東

西平民化，勢必會得到大眾的關注。

在美國，配一副眼鏡的價格至少要 300 美元以上，被大型的連鎖眼鏡店壟斷，但高昂的價格使消費者有苦不能言。瓦爾比派克眼鏡公司便抓住這個機會，不再依循傳統店家的供貨管道，改用網路銷售的方式，以低廉的價格成功擊破被壟斷的市場。自 2011 年成立以來，以每副 95 美元的價格深得人心，廣受美國消費者喜愛。

瓦爾比派克眼鏡公司替消費者省了一筆錢：在眼鏡店配眼鏡，一副優質眼鏡要價 600 美元以上，其中鏡架收費 395 美元，聚碳酸酯鏡片收費 140 美元，防眩光處理收費 75 美元。有六成以上的利潤被連鎖眼鏡店賺去，二成的利潤由鏡片公司賺去，其他由眼鏡生產商賺去；而瓦爾比派克眼鏡公司除了成本費用外，只賺取少量加工費用。

所以，創業者在創業時要意識到，一個好的創業點子，應來自於消費者的需求，最好的點子往往源自於創業者的長期觀察與生活體驗，創業的構想要在創業者心中反覆鑽研與思考，待時機成熟後，才能成為真正的創業機會，為創業者造就財富。

好點子經得起考驗嗎？

光有好點子還不夠，點子是否禁得起考驗才是重點。一個創業點子在構思階段，會因為認為具有潛力，而進一步開發，但在點子萌芽的階段，還要進一步測試才行，怎麼說呢？

像淘寶的支付寶及餘額寶，這類新消費觀念，就是將儲值消費這個眾多商家優惠的聯盟觀念，轉而形成電子錢包，讓消費者購買商品之餘，有存錢升值的服務。但在形成創業新點子前，還需透過幾個問題來確定。

📍 **問題一**：相較於競爭對手，品質信賴度能否被市場所接受？

📍 **問題二**：有比市場上現有的產品、服務還好嗎？

📍 **問題三**：對創業者而言，是一個好機會嗎？

📍 **問題四**：銷售策略和通路有任何發展點嗎？

　　這四個問題，必須透過定義（Define）、測量（Measure）、分析（Analyze）、改進（Improve）、控制（Control）這五個步驟，分析出創意點子的可用性。

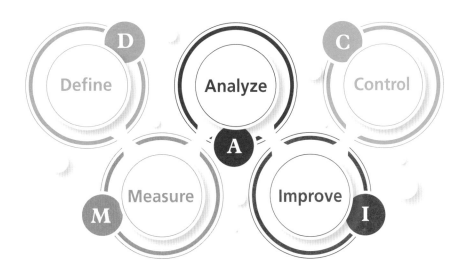

　　新構想的執行過程中，從創建到確定流程與規範進行評估，採取措施來消除差距，最後判斷創業點子的績效與目標是否一致，若存有偏差，則重新 DMAIC 循環，透過這樣不斷的循環，實現最終的創業目標。在 DMAIC 執行的過程中，要以顧客滿意為導向，每位員工都盡心盡力地工作，以提高顧客滿意度。

創意商品化vs.商品創意化

　　創意，是與眾不同的想法或發明，是打破常規、創造一種全新的未來，但始終離不開人們的生活，這也是為什麼會有那麼多創意產品失敗，因為它脫離了大眾的需求。如果創業者有一個好的創意想法或產品，並能滿足消費者的需求，那它在市場上占有絕對的優勢，也就是所謂的爆款，因為其他競爭對手還不具備與之對抗的基礎，但只要你的創意受到人們的追捧，就會有其他人緊隨其後推出同類的產品。

　　爆款的打造在於獨特性、針對性、富有故事、可量化，並要能抓住目標群眾的目光，且如前所述，你的項目不一定要是實體產品，同樣地，雖說是爆款，但它也能是一種服務、策略或是個人IP（品牌），甚至是一種你獨創的商業模式，足以讓人推崇、效法。

　　所以，創業者若想一直保持好自己的創業優勢，就要不斷創新來吸引消費者。創新，是人們為了滿足自身需求，在原有基礎上進行有效的改善，運用已創造出來的東西再次革新，但原來的觀念依然存在，只是讓它變得更加實用；創新，是在創意本身基礎之上進行的。

　　創業者在創新時，也要理清方向，否則你大費周章改良出來的東西可能無人問津，不被消費者所接受，從而浪費創業資本；創業者應當結合自身的情況和市場消費的特點，制定創新方案，並不斷完善自己的創新專案，以便成功改良、創新。你知道QQ

是如何打敗 ICQ 的嗎？

1996 年，ICQ 誕生，在短時間內便風靡全球，更在 1998 年壟斷中國的即時通訊市場。同年，美國最大的網路服務集團 AOL 公司收購了 ICQ。

1999 年 QQ 誕生，當時只有兩個員工，即是創辦人馬化騰和張志東，第一代 QQ 雖然粗糙，但中文介面讓 QQ 甫推出便獲得中國網友的青睞，即便市場上已有許多同類型的通訊軟體：PICQ、TICQ、GICQ、新浪尋呼、Yahoo 即時通、MSN……等，但 QQ 仍憑藉著一系列的創新技術，迅速打敗其他同類產品，原因為何？

首先，ICQ 的資訊儲存於用戶端，只要更換裝置登錄，先前添加的好友就不見了，但 QQ 將用戶資料存於雲端，無論在哪個裝置登錄，好友資料都不會消失。

其次，ICQ 必須在好友上線時才能聊天，而 QQ 支援離線訊息的功能，且還有隱身登錄功能，可以避免跟線上的人強迫互動，個人大頭貼也十分個性化。

再者，ICQ 是透過替企業定制的即時通訊軟體獲利，但 QQ 是在提供消費者免費服務的基礎上，尋求商業化機會，市場的可能性較大。而 QQ 之所以能獲得成功，就是因為它在 ICQ 這個好的創意基礎上，加以改良、創新，順利研發出一套新的軟體，滿足用戶的需求。

但就算是好的創意，也不可能永遠帶來成功，所以我們要在好的創意基礎上不斷創新。創意發明多如牛毛，可是真正能商品化，獲取利潤的創意卻屈指可數，且就算將創意商品化，成功取得利潤，也不代表創業成功，你可能隨時會被競爭對手的技術超前，導致事業無法繼續生存下去。

曾叱吒風雲的手機霸主 Nokia 即是一個血淋淋的例子。Nokia 蟬連全球手機霸主長達十四年，在巔峰時期出口值占芬蘭總出口的 25％，全球人手一支 Nokia 手機的榮景，猶如今天的 Apple、Samsung。但 Nokia 卻因商業策略判斷錯誤，對智慧型手機的布局太晚，節節敗退，拱手讓出手機霸主的寶座。

Nokia 犯了兩個致命錯誤，分別是錯估手機發展為觸控操作的趨勢，及堅持使用自家開發的軟體系統 Symbia，導致其市占率大幅萎縮，因而在 2013 年 9 月 3 日宣布，以 54 億歐元，出售給微軟公司。

　　從 Nokia 例子可以看出，一個企業即便創業有成，但如果不能找到好點子繼續創新，開創另一局面，事業體仍無法永續生存。從創意→創新→創業，這一循環來看，Nokia 成功創業後，便固守在傳統手機領域，毫無新意，無法跟上時代趨勢，以致事業體的永續循環瓦解，黯然退出市場。

　　創意，不一定以創業為目的，從事業體永續循環圖來看，創業雖然以創意為出發點，但一個事業體若創意能量消失，無法將創意商品化，事業體創造新事業的循環必然斷裂，創意商品化階段無法進入創新階段，風險相當大，失敗率超過九成。

　　所以創新要成功，必須懂得挖掘商機；而商機能被挖掘出來，始於發現市場消費者脈動。Apple 與 Samsung 比 Nokia 更早發現機會，早一步切入智慧型手機市場，商機永遠對先發現、先切入的人最有利，就像哥倫布「發現」美洲新大陸一樣，哥倫布並非憑空想像機會，而是實際航行發現機會，商機也是如此；成功的創業者，永遠會在市場中努力找尋新大陸，開拓新市場。而挖掘商機可從以下三個方向來思考：

1　消費者想用的資源在哪裡？

　　創新不一定要涉及專利技術，而是要先挖掘消費者想利用的資源在哪裡，以手機產業、網路通訊、手機電腦化，這都是消費者想利用的資源，但誰能用最快、最便宜的方式，讓消費者取得網路通訊、手機電腦化這兩項資源，誰就能率先搶佔市場。

　　創新是創造消費者想用的資源，但這種資源多屬「簡便資源」。當手機業者發現消費者有通訊需求，手機業者就會利用廣告刺激消費者，運用分期付款「0 元手機」的行銷策略，使顧客產生購買行為，再以品牌形象來綁住顧客的忠誠度。這些「0 元手機」、「品牌形象」都是消費者想用的資源。

2　消費者的資源滿足點在哪裡？

　　雖說網路通訊、手機電腦化、0元手機、品牌形象都是消費者想用的資源，但想用不代表可以滿足消費者的需求，創業者在創意商品化的創新過程中，必須找出消費者的資源滿足點在哪裡？從該點中發現新的機會，比如手機消費者的資源滿足點，創業者利用模仿、調整、推廣、改造等手段，來改變網路通訊、手機電腦化這些資源的使用型態，以滿足消費者需求。

3 資源改變的趨勢在哪裡？

　　有人認為創新就是不斷創造新的事物，投入市場嘗試新的改變，但這種為了創新而創新的改變，對整個事業體並沒有太大助益，因為如果沒有發現資源改變的趨勢在哪？即使創造出萬種專利，也無益於事業的發展。

　　Nokia 的創新專利跟 Apple 與 Samsung 相比不遑多讓，但 Nokia 最後走向被收購的命運，而蘋果與三星卻得以繼續壯大，差別只在於 Apple 與 Samsung 的專利發明，以消費者使用資源改變的趨勢為基準點，創新手持行動裝置事業；Nokia 只在意自己打下的江山，忽略大眾使用手機的趨勢已然改變的事實，智慧型手機在市場已被證明是有價值的產品。在這改變的趨勢中，Apple 與 Samsung 順勢促成改變，Nokia 卻逆勢操作，因而失去市場。

　　無論如何，創新、創意、創業所形成的事業體永續循環，都脫離不了「商品化」的過程，創業者在創業過程中必須將創意商品化、商品創意化，在市場找出商品的核心價值。

如何將你的爆款創意化且商品化？

　　有創意不一定有「生意」，唯有將創意商品化，才得以從市場獲取利潤，創意商品化是指創意成果轉化為商品的過程，創業者利用創意成果收取相對報酬的交易活動，也就是將你的項目、構想變現。

印度發明家 Anirudh Sharma 透過技術，將有毒的空氣污染物轉化為黑色顏料「空汙墨水」（Air-ink）。只要把過濾器「Kaalink」裝在汽車或渡輪的排氣管、柴油發電機或工廠煙囪上，有毒的碳顆粒會被過濾器收集起來，去除重金屬、灰塵顆粒及致癌物質後，接著跟植物油混合，就能得到這種特製的「空汙墨水」。

一盎司的空汙墨水等於一輛汽車駕駛四十五分鐘所產生的空氣汙染，以空汙墨水在紙上畫的每一筆，大約就是你在戶外散步時吸入的顆粒量，將空汙物轉化為賺錢的商品。

創意商品化雖說就是將自己的創意轉化為商品，但創業者該如何將自己的創意商品化？什麼樣的創意，才具備商品化的潛質呢？具備商品化的潛質後，又應該透過哪種途徑？最後又如何讓創意成為自己的創業項目，為自己創造財富呢？

1 商品化條件

創意成果，只有滿足社會需求才擁有價值，在滿足需求的同時，還要能用來交換，才能成為商品，具備市場價值。一個創意如果無法替消費者帶來需求，就不具備商業價值，不能用來交換，而要想將創意具體化為商品被消費者所用，必須具備以下幾點條件。

- **創意成果的可用性**：如果要將創意成果轉化為生產力，它就要能被廣泛地應用於各領域，且利用價值要高於創意本身的價值，這樣才能產生經濟效應，為創業帶來收益。

- **創意成果的專利性**：創意的所有權應掌握在個人手中，而不是人人都能享有，如果其他人想擁有，必須經過專利持有人的同意，或支付相應的專利使用費。

- **創意成果的可交易性**：創意成果必須能用來交換，不管是透過口述還是文字，抑或是實體產品，都一定要能轉嫁到需求者手裡。

2 商品化途徑

每個人都有自己的想法，不同的人處理創意成果的方式也不一樣。有些人只喜歡研究、研發新的東西，不喜歡經營自己的創意成果，可有些人一旦發現自己有好的創意，就會想自己經營並把它發揮到極致。所以，針對不同人群的不同想法，商品化的途徑又分以下幾點。

◎ **創意出售：**創意者若有好的創意但又不願自己經營，可以選擇出售自己的創意，以獲得專利費，這樣既不會浪費創意成果，也能從中受益。

◎ **吸引創投：**有了好的創意，並想自己創業經營，卻苦於沒有資金，那你可以考慮尋求創投，和投資者形成互利共贏的合作關係。但因為投資者會希望這個創意專案能為他帶來廣大的收益，所以，需要做一些比較重要的決策時，投資者會要求參與，並加以干涉。

在大多數的情況下，投資者會提供創業者相當有建設性的建議，畢竟他們有豐富的投資經驗，知道哪些決策可行、哪些不可行，但不排除會有投資人不懂又瞎添亂的情形發生，所以在尋求投資者時，一定要和投資人協商好，以免造成不必要的麻煩。

◎ **自己創業：**如果有好的創意又不想被人干涉，且手頭有足夠的資本營運這個項目，那你便可以選擇自行創業，但這個風險最大，如果經營不好，不但浪費了自己的創意，資金也有可能全都泡湯；但同樣地，如果營運成功，帶來的回報、收益會非常可觀。

且實現創意商品化，最好與社會生產結合起來才有實際意義，商品化也是創意成果轉化為現實生產力的必經之路。將創意商品化從消費者角度思考，讓它在社會上得到廣泛應用，才能締造價值，促使人類的共同進步。

至於商品創意化，如今的創業項目，除了能為消費者帶來實用外，大部分的原因在於，人們開始注重產品

的設計和創意，一些商品創意所含的價值，甚至遠高於商品本身的使用價值。經濟學教授凱夫斯（Caves）在《創意產業經濟學》中指出一個現象，創意性產品的特性、基調、風格獨立於購買者對產品品質評估之外，當存在橫向區別的產品，以同樣的價格出售時，人們的偏愛程度是不同的。

主要就是因為創意決定產品差異性，以創意設計重新改造既有商品型態，再造另一種獨特的交換價值，也就是附加價值，遠超過產品實際使用的貢獻。所以，創意者要在創意商品的本質上發掘滿意和快樂。

不論經營哪個行業，在創意商品化的過程中，都避免不了「設計」、「製造」這兩個元素的結合，創業者只要能結合這兩個元素的獨特交換價值，商品創意化便大功告成。總的來看，不管是創意商品化還是商品創意化，創意的特殊性在於它對消費者帶來的需求，或隱含在商品內的附加價值，創意可謂是創新的內在活力源泉所在。

如果我們的生活離開創意，那它將變得枯燥無味，社會也會因此停滯不前；所以，我們絕對要抓住「創意」這個巨大的社會需求，來尋找自己的創業機會。

冪定律讓你的邊際成本降為零

大家可能會認為最佳的創業模式莫過於將下列資源進行整合：足夠而有效的資金（Capital）、正確的戰略與商業決策（Strategy）、團隊能力與心態（Talent）。但你知道嗎？其實冪定律（Power-law distribution）完全符合上述這三項，所以，我想跟各位談談冪定律與創業之間的關係。

一般人，尤其是受過高等教育的人，他們會認為社會上的事情都是常態分布（Normal distribution），統計學也大多假設為常態分配，但我想在此打破幾個傳統教育所教導的東西。我們從小就被洗腦，不管是身高、房間的大小……等幾乎都以常態分布，兩邊屬極端、數值較小，所以不重要，中間比較多，維持常態就好，我們每個人只要關心自己是比平均值大還是比平均值少，以此來判斷自己是否合乎標準。

但不曉得各位知不知道統計學最重要的定理是什麼？答案是中央極限定理。這個定理要用微積分才能解釋清楚，中央極限定理假設世上一切都是常態分配，也就是所謂的常態分布，最差的只有一點點，最好的也只有一點點，多數佔據中間，向兩邊呈遞減；但創業根本不能用常態分布來思考！

創業實為冪定律，並非常態分布，成功的創業家會一直往上，那曲線會有多高呢？答案是非常非常高，高到難以想像。就像學校教我們的，成績最差是零分、最好是一百分，但這樣的教育是錯誤的，最好不是只有一百分，應該是一千分、一萬分，甚至是一億分……因為數值並非只到一百就結束了；最差也不是零，最差的是負數（minus）。

而「冪」就是非常態分布，最好的會非常好，最差的會非常差；所以，如果你希望公司表現優秀的員工能留下來，那你最好對他好一點。為什麼我會認為常態分布的

平均值沒有意義？因為平均值會受到極端值影響，所以政府很笨，向大眾公布的是台灣平均薪資，但每次只要公布，人民的心都會涼了半截，認為自己明明這麼努力了，為什麼薪水卻沒有達到平均值。

那為什麼台灣絕大多數的人薪資都達不到平均值呢？就是因為它被極端值所影響。你知道大企業董監事的薪資有多高嗎？他們領的薪資是幾百、千萬，甚至可能幾億，前台積電董事長張忠謀就領了好幾億元。

各位想想，如果哪天他的薪水從 2 億提高到 20 億，那台灣的平均薪資水平是否也會跟著提升？當然會，而且是大幅提升。這就是為什麼我會說政府很笨的原因，政府要公布的應該是薪水的中位數，所謂的中位數，是指全台灣人的薪水，從小排到大，取最中間的數值，這才能真正表現出台灣的薪資水平，不然永遠會被極端值影響而錯估。

人力銀行發布「2020 年薪資福利調查報告」，共調查一千一百多家企業的二百個代表職務，平均年薪總額為 64.1 萬元，雖為五年新高，但只比往年增加 5,000 元，年增幅僅 0.7％，連續三年停滯在 64 萬元左右。所以，如果取中位數的話，大家自然會比較滿意政府的執政，不太會有怨言，國民幸福指數也會因此提升。

創業的路途充滿挑戰，創業者是非常孤單的，很多事情都要自己扛著。每個創業者都會有自己不擅長的地方，在某領域缺乏經驗或缺乏資源，會遭遇各式各樣的山峰與山谷，要翻過去、跨過去，還是繞過去？有沒有時間繞過去？採用什麼方法、借用什麼工具，可以最快速、最省力翻越或跨越這些艱難險阻？若全都靠自己單打獨鬥、摸索實驗，絕不會有最佳答案。

因此，除了理想、膽識、眼光、術業有專攻、個人魅力外，創業者最需要的即是透過冪定律整合一切可能資源，在創業初始便成為壟斷者，從非常小的專注點做起，並在壟斷後快速擴張，做大潛在市場，成為強大的品牌、公司！

雖然傳統的教科書總告訴我們壟斷是不好的，容易破壞市場機制，因為壟斷後，市場便不再活絡，商品不再持續創新，這對消費者利益是有危害的……等等，這些觀念並沒有錯，重點是我們已進入網路時代！

傳統經濟學假設我們生產更多產品的邊際成本不為零，但在網路領域裡，生產的

邊際成本往往趨近於零。何謂生產邊際成本？就是多生產一項產品要多付多少錢？答案是趨近於零，比如一本書我印 2,000 本，但我多印 1 本，即 2,001 本，這兩種數量的成本是一樣的。

又好比賣蚵仔麵線，你多賣一碗或多裝一碗麵線，其邊際成本也會趨近於零，你只要在準備材料時，多加點水，就可以多二、三碗出來，這二、三碗的成本差異就叫邊際成本，多生產需要多付多少錢的意思。

因此，創業者應該先找到一個細分市場，然後進行壟斷，再加以擴張。而在中國壟斷的機會，一般會比別的國家來得更大，像美國是已開發的社會，它的作業程序便是公開透明的，若你想買一輛二手車、買賣房子該收多少佣金，你都可以輕而易舉地查到價錢。

但在中國，很多行業的標準以及對消費者的保護都是不足的，造成很多行業建立各種不公平的收費，尤其是傳統的仲介商最容易從中獲取暴利，因為制度的不透明，消費者無從得知價錢間巨大的差額。因此，中國的趨勢變化、政策所能帶來的機會，其實比美國更多，這也是為什麼我會說在中國投資較為容易。

在美國，如果你的目標是打倒麥當勞、可口可樂這類的大公司，那會非常困難，但中國這種強大且穩定的品牌目前仍少，公開透明的制度也並非常態，對創業者來說絕對是好事，特別是如果你有一些「關係」的話。

先找到一處灘頭陣地，寧願做一個很小領域的陣地，也務必要把它壟斷起來。這樣的灘頭陣地非常重要，因為在找尋投資機會時，創投往往會希望你能在小市場裡先證明自己有多少能力，並給他一個非常清晰、合適，不會太鉅額的擴張計畫，讓他知道你在哪成功了，只要再從某領域擴展到其他領域就行。

至於創投投資的金額應該占多少股權呢？那就要你跟他們談了，這叫「閉鎖性公司章程」。假設你出資兩百萬，他們出資兩千萬，那你就只有占 10% 嗎？當然不是這樣；因為這項事業主要是由你經營，你有 Know How，所以即使你只出資兩百萬、他們出資兩千萬，股權分配仍可以雙方各占一半，這完全吻合民法的契約自由原則，是能被合法認定的。

很多國外的大企業，像 Amazon 就是這樣成長上來的，先賣書再賣其他東西，然

後進一步變成平台，一步一步做出成績來。一旦你擴張以後，就有各種相應的方式，例如相關技術、網路效應、規模經濟與在地品牌等，來更鞏固你的壟斷地位，然後再擴張、複製，用資本的力量，以最好的方法得到橫向和縱向的擴張。

如果擴張成功了，你就要開始擔心有破壞者來找麻煩，這時你得做一個護城河，比如小米的核心是手機業務，那他們就會用護城河做一些其他的相關業務，像小米商店、小米帳號，或投資業界其他軟硬體公司，鞏固已有的壟斷地位。

Amazon 先賣書再賣其他東西，這叫水平發展。那為什麼全世界的電子商務都是從賣書開始呢？因為書是最沒有爭議的商品。比如我要買《改變人生的 5 個方法》這本書，版權頁上都有註記書號等相關資訊，不會有錯，所以買這本書不太會有產品之爭議發生。

但如果是賣別的東西，就容易有潛在問題發生，比如賣衣服，不僅尺寸容易弄錯，還有更大的爭議是顏色問題，還記得我之前在網路買一件衣服，收到貨後發現顏色跟我當初在網路上看到的有些落差，打算跟店家退貨，但那時網路購物的退貨機制還不完善，法規也不明確，這時爭議就發生了。

所以，世上任何在網路上賣東西的商家，大多都是先賣書，而不是賣衣服，因為賣書的爭議很小，只要說清楚要賣哪本書、秀出書的封面，說明價錢，基本上不太會有爭議，所幸政府現在對網路購物已有明確的規範，擁有七天鑑賞退貨期，避免很多問題。

在美國和台灣都嚴格禁止盜版，中國的盜版、山寨品卻十分猖獗，雖然如此，可真實情況其實和我們想的不一樣，像我們做為一本書的作者，在中國以「被盜版」為榮。如果有人盜版你的書，即代表你的書很紅，相當暢銷；明星也是如此，假如你的歌或戲劇沒有人盜版，就代表你的作品不紅，討論度不高，中國真的是個很特別的國家。

所以，千萬不要再用過去 MBA 教我們「壟斷似乎是不好」的理論來思考，我們要把壟斷其中的貶義剔除。且我想再強調：每間公司都應該在極狹窄領域壟斷，而且是一個足夠小、卻可行的領域，你想開創的領域要縮得越小越好，清楚知道自己要壟斷的是什麼，你不見得已經做到了，但至少要有所規劃。

日前，有位大陸的學員，專程飛到台灣找我，我們談了二個小時，他支付二萬元人民幣作為諮詢費，我教了他幾件事情，其中之一就是「在很小的領域創業」。

「你打算做什事業？」

「到貴州養雞。」

「你為什麼要去貴州養雞？」

「因為貴州政府撥了一筆五千萬元人民幣作為創業貸款，讓貴州人民脫貧。」

「你要做什麼？」

「養雞。」

這並不是我要的答案，所以我連問了三次：「你要養什麼？」但他始終不懂我在問什麼。

後來他生氣了：「王博士，你不知道雞是什麼嗎？」

「我當然懂阿！但雞的範圍太大了，你要告訴我，你養的是什麼雞？這樣範圍就縮小了。你如果只告訴別人你是養雞的，請問這樣跟其他雞農有什麼區別？別人養雞，你也養雞，若沒有獨特之處，你憑什麼賣得比較貴呢？」

他馬上明白我的意思，說他想養放山雞，放山雞就是把雞放出籠子，在外面跑的雞。我又再問：「這樣還不夠，你的放山雞有什麼特色？」

「雞的骨頭是黑的。」

「喔，你想要養的是放山烏骨雞。那雞種從哪兒來呢？」

「從台灣。」

「喔，所以你要養的是台灣的放山烏骨雞，這就是你想養的雞。」

他跟我談了二小時，收穫很多、不虛此行，所以，你要先從狹隘領域的壟斷者做起，千萬不要在推廣產品時，跟客戶說你賣雞，那對方肯定不會理你。你養雞，別人也養雞，還是說貴州的雞有什麼特色？所以你要強調自己賣

的是「在貴州放養的台灣種放山烏骨雞」，這才有搞頭嘛！他預計養五千萬隻，之後我若到貴州，他將盛情款待我吃台灣烏骨雞。

宜蘭的櫻桃鴨也是一成功案例。因此，創新的小公司永遠會有機會，那小公司的機會在哪？第一、網路；第二、狹小的領域內。也就是說，你要找一個狹小的領域，並善用網路，那這樣擊敗大公司的機會相對提高，就好比敵軍以百萬雄師把城團團圍住，而你的兵只有一萬時，該怎麼辦？

你用一萬名士兵守城，絕對擋不住百萬雄師，所以你得找一個小地方來突圍，這樣就可以衝出城。雖然敵軍的百萬軍隊絕對是圍繞著全城，每個城門外也一定都有敵軍嚴加防守，把城裡的東門、西門、南門、北門全部圍住。但我軍可以利用半夜、月黑風高的時候，綁繩子垂降到城牆下，那地方一定不是城門，而敵軍的百萬雄師在那個小地方肯定只有一小部分軍隊，以我方的兵力肯定能打贏，這就叫「單點突破」。

同樣的道理，大公司如同敵軍百萬雄師，小公司就選擇一個小小領域，單點是指一個很小很小的領域，像現今，你就可以選擇用網路，輕而易舉地去突破。

不曉得你有沒有聽過多米諾骨牌效應？這種效應其實很簡單，就是連鎖反應。骨牌豎著時，重心較高，倒下時重心下降，倒下的過程中，重力位能會轉化為動能，倒在第二張牌上，而動能又轉移到第二張牌上，第二張牌再將第一張牌轉移來的動能和自己本身的重力位能轉化來的動能傳到第三張牌上……因此，每張牌倒下時，傳遞的動能都會比前一塊大，速度也會一個比一個快，依次推倒的能量一個比一個大。

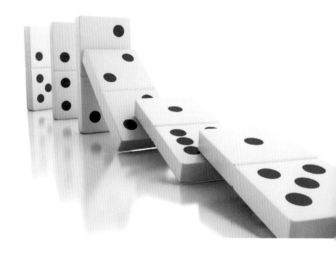

說個題外話，但跟多米諾效應有些關聯。民國五〇年代戒嚴時期，政府規定人民不可以出國觀光，但可以到國外做商業訪查，只要另外申請出入境證。當時就有位企業家到歐洲考察，在德國發現一件非常新奇的東西——電視機，於是便買了一台回來。但這台電視機在台灣並不能使用，因為當時沒有電視台，根本沒有訊號源，買電視機回來等於沒有用。

三年後，那台電視機終於可以用了，台灣有了最早的電視台——台視。當時的電視節目只有三種：政令節目、新聞、連續劇，每種節目一天播半小時，所以一天只有一個半小時有節目，每個節目的收視率都非常高，因為大家只能看這唯一的電視頻道。

還記得當時新聞都在報導越戰，後來我到美國念書才知道，其實美國國內的反越戰情緒是非常高漲的，政府當局將此解釋為多米諾骨牌效應，認為他們國家是正義的領導者，共產主義從蘇聯到中共，共產主義的觸手已延伸到北韓、北越、東歐、古巴，所以要圍堵共產主義的擴張，如果沒有擋住南越的話，那必定會有骨牌效應發生，而下一個國家就是寮國、緬甸、泰國、馬來西亞，若一直到澳洲、夏威夷，最後連美國本土都可能被赤化。所以，他們一定要打仗，把共產主義圍堵住，後來美軍撤退，南越也果真淪陷了，這就是骨牌效應，一個國家被赤化，就會一個接著一個被赤化，美國可說是越戰、韓戰的始作俑者。

因此，你可以先創立一個小本事業，再逐步擴大經營，最後這個事業體會變得很大。$2^0 = 1$，$2^1 = 2$，$2^{10} = 1,024$，已經是一千倍了，可見只要每次擴大一些，經過幾次擴增，你的事業就可以成長很多倍。

借力創業，事半功倍

一個成功的創業家，通常不是他的能力有多強，而是他能借用多少力量、調動多少資源，來完成他的夢想，成就他的事業。

經營企業說到底還是經營人，管理說穿了就是「借力」，因此，經營企業的過程是一個借力的過程，只要有越來越多的人願意把力借給你，企業就會成功，所以，那些成功的創業家，靠的不是他個人能力有多強，而是他能整合更多的資源，也就是所謂的「借力」。

失敗的領導者，以其一己之力解決眾人問題；成功的領導者則集眾人之力解決企業問題。創業、研發、產品製造不一定都是從 0 到 1，事事需要自己親力親為，懂得善用「借力」才能讓你事半功倍。

舉例來說，如果你要舉辦「員工教育訓練」，那有「活動企劃」、「場地」、「流程安排」、「主持人」……等眾多細節要處理，活動才能辦得成功。但你不一定要自己舉辦活動，只要目的相同，你也可以借用「他人」之力，參加別人的「教育培訓營」，跟大家分享一則小故事。

有個窮人，窮困潦倒，吃不飽又穿不暖，他跪在佛祖面前痛哭流涕，泣訴生活的艱苦，天天做苦力活，累得半死還掙不到幾毛錢。哭了半晌開始埋怨：「這社會太不公平了，為什麼富人天天悠閒自在，窮人就該天天吃苦受累？」

這時佛祖回話了：「那要怎麼做，你才覺得公平呢？」

窮人急忙說道：「讓富人和我一樣窮、幹一樣的活，如果他還是能成為富人，我就不再埋怨。」

佛祖點頭道：「好吧！」說完便把一名富人變得跟窮人一樣貧困，分給他們各一座煤山，讓他們靠賣煤礦維生，並規定他們在一個月內將煤山開採完。

窮人和富人同時開挖，窮人平常做慣粗活，挖煤對他來說根本是小菜一碟、輕而易舉，沒多久就挖好一車子的煤礦，拉去集市賣，用這些錢買了好吃的，拿回家

給老婆孩子飽餐一頓。

而富人平時沒做過什麼粗活，挖一會兒就要休息，累得滿頭大汗，到傍晚才勉強挖滿一車煤礦，換來的錢只買了幾顆硬饅頭果腹，其餘的錢都先存了起來。

第二天，窮人早早便開工挖礦，富人卻先去逛集市，不一會兒帶回兩名工人，這兩名工人體格甚是強壯，一到煤山就開始挖煤，而富人就站在一旁監督、指揮。一上午的功夫，這兩名工人便挖出好幾車煤礦出來，富人把煤賣了之後，又雇了幾名工人挖煤，一天下來，扣除支付給工人的工錢，剩下的錢仍比窮人賺的錢多出好幾倍。

一個月很快過去了，窮人只挖了煤山的一角，每天賺來的錢都拿去吃香喝辣，身上沒有剩多少錢；而富人老早就把煤山開採完，然後把賣煤礦的錢拿去投資，做起別的買賣，很快又成為富人。

結果可想而知，窮人不再抱怨了。創業之初，人們想的通常都是「拼己全力」、「一切靠自己」，想著如何讓自己變強，這樣才有辦法舉起比自己力量更「大」的東西，但最後往往是累死自己，仍無法達到強大功效，因為我們都像故事中的窮人一樣，從沒想過「借力」。

創業不一定要全都靠自己

精明創業者的成功之道在於整合一切能為我所用的有利資源，如平台資源、人脈資源、職業資源、資訊資源、專業資源、資本資源等。創業時，如果能借用他人之力，解決資源短缺問題，那創業是不是就相對容易多了呢？那什麼是他人之力？對創業者來說，它可以是創業資金、生產設備、生產原料，也可以是技術、關係、權勢等，好比胡雪巖借官銀開錢莊，希爾頓借他人之地和資金興建希爾頓大飯店……等。

那為什麼要借用他人資源呢？不僅僅是因為資源短缺，主要是因為「借用」他人

的資源，有助於提高創業的成功率，獲得更好的發展，提高工作效率，增強競爭力。

在美國，有一位叫保羅・道彌爾的人，他專門借倒閉企業之力來發財。一次，道彌爾找到一家銀行經理，開門見山地問：「你們手上有沒有破產的公司要拍賣呢？」銀行經理介紹一家破產公司給他，了解詳情後他出錢買下這家公司。簽好轉讓合約後，道彌爾仔細分析這家破產公司各方面的情況，找出經營失敗的原因，制定了一套新的計畫。

首先，他針對這間公司嚴重超支浪費的問題，開源節流、對症下藥，其次，他改良技術，降低產品成本，再實施一些管理措施。經過一系列改革，不到一年的時間，這家公司便起死回生，銷售量悄悄翻倍，由虧損轉為盈利，有人不解地問：「為什麼你總愛買那些瀕臨破產的企業呢？」

道彌爾坦白地說：「我看起來是幫助那間企業，但其實是為了我自己。接手別人經營的生意，較容易找到失敗的原因，所以我只要把這個問題解決，自然就能賺錢了，這可比自己從無到有，從頭開始做一門生意省力得多。像我這種白手起家的人，沒有太雄厚的資本，若獨自創業肯定處處是對手，只有買破產的企業才便宜又省事。」由此可見，只要借勢且合乎時機，就能事半功倍。

對大部分的創業者而言，特別是那些初創業的人來說，他們不知道該做什麼，更不知道該怎麼做，沒有思路、沒有創意、沒有技術、沒有裙帶關係，甚至是沒有資金，創業者要面臨諸多考驗與關卡，而資源整合就是幫助創業者快速達成目標的捷徑，亦是最輕鬆、簡單的方式。

很多人總覺得自己之所以沒辦法成功，是因為缺資金、沒人脈、沒關係、沒管道、沒合作夥伴，甚至是因為自己不具備一技之長，但真是如此嗎？擁有資源是一回事，使用資源又是一回事，資源既可以被資源的所有人使用，也可以被其他人使用。

使用自己的資源叫「利用」，例如利用手中的權力，利用自身優勢，利用自己的能力等等；而使用他人的資源叫「借用」，例如借用 XXX 的權力，借用大公司的優

勢或名氣或借用某人才的智慧……等。

成功的關鍵不在於你有沒有資源，而是有無具備資源整合的能力，大部分的人都缺少將資源整合的思維，但只要懂得利用整合，你會發現資源其實無處不在。

前述故事中的富人之所以能成功，便是因為他深諳「借力使力不費力」的技巧，腦中總是在想：我具備什麼資源、我缺少哪些資源，透過我具備的資源，來換回我缺少的資源，並整合在一起發揮最大的效能，實現互利共贏。

任何人、任何企業都無法跳過「從弱變強」的過程，當自己處於弱小的時候，要能借用他人的力量「借」力發力，從而更好地成長，善用彼此資源，透過「借」力發力，創造共同利益。

2018 年退休的李嘉誠，他當初獨自創業，靠得是什麼？就是眾多貴人的幫忙。他認為創業只有兩個方法：造船過河和借船過河。他說：「人生路上，首先要找到人生的導師，借用成功人士的眼光去了解趨勢、確定方向，先借力而後能力；先借船而後造船；抱團打天下！」

造船需要的是實力，因此最有智慧的人並非能力強，而是會借力；會借力的，往往才是最有智慧的人。例如：你打算開間小店，做個小生意、小買賣，資金、貨源、物流、倉庫、店面、房租、員工、人事、管理、同業競爭等大小事，全都需要你去處理、張羅。

而目前的市場環境跟三十年前大不相同，供大於求，各個產業呈現飽和狀態，很多人都想開間咖啡廳、複合式餐飲店，自己做老闆，用盡心思經營、競爭，勞心勞力，在如此紅海競爭的你，你一小事業又該如何突破重圍呢？

若要靠實力競爭，便是大魚吃小魚，小魚吃蝦，蝦吃泥。所以，最有智慧的人絕對不是靠一己之力去對抗大鯨魚，懂得借力才是你在浩浩海洋中的生存之道，不然你只會成為小蝦米對抗大鯨魚下的蝦泥。

因此，當你覺得自己的實力、能力還不強或不夠強大時，先借力，借船過河，養精蓄銳，等實力強大後再造船也不遲！

透過平台借力，創造最大商機

全球最流行的社群平台 Facebook 和影音平台 YouTube，兩者本身不創造任何內容；全球最大的住房供應商 Airbnb 本身也沒有房地產；計程車服務龍頭 Uber 更沒有任何一輛車，也不雇用司機，但他們沒有車卻能開計程車公司，沒有房子也能開旅館……是為什麼呢？因為這都是透過平台借來的。集眾多人之力才形成了這樣的平台，還能成為各自領域的第一，讓我們再次體會到聰明借力所創造出來的平台經濟。

像 Airbnb、Uber、Foodpanda 這樣的平台本身都沒有自己的產品，而是藉由聚集和串聯使用者與供應商，透過他們之間的互動來賺錢。平台之所以是平台，是因為它同時對供應者與使用者開放，平台扮演中間人的角色，讓買賣雙方能順利交易，但不負責製造商品或提供服務，例如淘寶網，它的商業模式就是把自己從產業鏈中脫離出來，跳過門市，讓上游跟下游對接，直接媒合廠商與買家。

這樣做的好處是商品種類開發是供應商來做，賣不完的庫存由商家承擔，它免費讓商家在上面接觸消費者，不收分成，而一聽到免費，幾百萬商家就全都跑來了。只要有 10% 的商家想跟別人不同，要打廣告、想融資、要了解消費者需要什麼，阿里巴巴就為這些商家提供有償服務，其中就有賺錢的機會。

這也是為什麼現在市值最大、成長最快都是平台型企業，因為它們都靠活絡閒置資產或產能來賺錢，且透過平台形成的正向網絡效應，能帶動十倍速成長。那什麼叫「活絡閒置資產或產能來賺錢」？就是發揮「使用而非占有」的概念。

舉例來說，美國有三成家庭都擁有電鑽這項工具，但通常用了一、兩次就被收在儲藏室裡，很少再拿出來使用！可見當初買電鑽，只是為了打一個「洞」，而不是想擁有一個電鑽。既然這種工具的使用率這麼低，與其買一個閒置在家裡，不如需要用時再去租一個，不是更好嗎？這種「使用而非占有」的觀念現今已被越來越多人所接受，有越來越多的消費者開始改變想法，選擇只租不買、按需求付費的方式。

而「使用而不占有」就是借力的核心精神，因為你借的是「使用權」而非「所有權」，所以別人才願意以極低的價格、甚至無償借給你！平台於焉成型矣！

大家最熟悉的例子是 Airbnb 與 Uber。這兩平台無非是強調善用科技，運用網路結合特定產業（互聯網＋），將多餘或閒置產能進行整合、再利用。這些閒置資產的價值就會隨著使用效率增加而提升，這也是目前的市場趨勢「共享經濟（The Sharing Economy）」，集眾人之力，達成資源共享的目的。

Airbnb 住宿平台的誕生，源於 2007 年秋天，兩名大學剛畢業的年輕人正為付不出房租而發愁的時候，他們所處的城市舊金山，剛好在舉辦全美工業設計師協會大會。由於與會人數眾多，當地飯店的客房嚴重不足，於是他們突發奇想，在自家客廳擺上三張充氣床墊，然後在網站發布消息：每晚只要 80 美元，就可以享受到氣墊床加早餐（Airbed & Breakfast）的服務，外加當地觀光諮詢。沒想到他們另類的服務居然大受歡迎，所以他們決定為更多出租人和承租人搭建一個聯繫和交易的平台—— Airbnb。

Airbnb 提供平台，媒合了有閒置空間的人與有居住需求的人，房東可以自行透過平台，出租家中多餘的房間，提供給觀光客住宿；房客們可在網上挑選房間，在網路上支付費用後便可入住。

另一個計程車叫車媒合平台 Uber，它們透過網路平台，乘客可隨時隨地利用手機 App，直接搜尋附近是否有空車，Uber 司機只要在特定區域定點等候，不用漫無目的地開著空車滿街跑，減少空車繞行這段毫無產能的成本耗損。

跟傳統計程車相比，Uber 去中間化，以乘客與司機直接媒合的叫車方式，有效

活化每一台私家車的服務庫存，只要家中有閒置的車輛，就能成為計程車司機，提供載客服務，在台灣現行的法規下，Uber 需申請營業執照，但此商業模式仍讓乘車市場擴大。

在新興商業模式下，人們可以藉由網路進行協調，直接租賃房屋、汽車、輪船，也包含停車位、工作室租借，甚至是技術服務等其他食衣住行方面，使共享經濟無所不在地出現在我們的生活中，讓我們要喝牛奶，不必家家戶戶都養乳牛；現在，只要有閒置的金錢物品、多餘的時間或某項技能，就可以和其他人分享。

而平台需要產生群聚效應，才能吸引買家，所以必須先招募一定數量的賣家，但如果買家不夠多，賣家也會覺得平台集客力不足而不想進駐。平台的固定成本可能很高，但變動成本很低，只要有大量賣家和買家匯集，就能降低每筆交易的平均成本，這和百貨公司的模式相似，無論多少店家進駐、多少客人光臨，百貨公司每天的營業成本都差不多。

所以只要這個平台的使用者越多，能帶給其他使用者的好處就越大，以淘寶為例，商家和消費者越多，便產生了正循環，這就是正向的網路效應。一旦平台達到一定的規模，便會築起很高的障礙，平台自然會呈現大者恆大，甚至是贏者全拿的局面。

螞蟻金服，它沒有銀行卻能打造出中國最大的貨幣基金，它的前身其實就是阿里巴巴的支付寶，支付寶是依附於電商交易的工具，阿里巴巴為了因應網路信用問題這個痛點，保障買賣雙方的交易，因而設計出支付寶，作為第三方支付工具。

隨著電商的發展，促進支付寶的壯大，幾乎每家店都在用支付寶錢包，人們可以在越來越多的商場、便利商店、計程車等實體商店使用支付寶進行電子支付。

支付寶的帳號系統累積近五億名用戶的時候，「螞蟻金服」（已於 2020 年更名，現稱螞蟻集團）應運而生，之前推出的貨幣基金產品餘額寶，便是螞蟻金服旗下的一項餘額增值服務和活期資金管理服務。餘額寶滿足了支付寶使用者想用少許的錢，就能投資基金賺點利息錢的需求，而且只要用手機就能輕鬆購買，約莫新台幣 5 元就可以存基金；這檔貨幣型基金，上架三年就累計超

過新台幣 3 兆資金，成為中國最大、全球第四大貨幣基金。

螞蟻集團顛覆傳統銀行的做法，正視消費者的需求，只做「小單」，這種看小不看大的邏輯，因投資門檻低，不到 50 元就能購買債券基金，不僅操作簡單，用戶還可以獲得財經資訊、市場行情、社區交流、智慧型投資推薦等服務，透過源源不斷的金融產品將用戶牢牢綁住，使他們願意長久接受服務。

所以，當你發現商機、一個可行的事業，找到消費者有一個痛點急需被解決的時候，想創業的你就要先借力使力、整合資源，找到那些有能力做得比你更專業的人，把他們串聯起來，而非自己投入大筆資金。剛開始也許會特別難，但整合成功後，你會感覺到是萬馬拉車，而不是車拉萬馬，大家都在拉著你走，讓你省力很多。

成功，不在於你能做多少事，在於你能借多少人的力去做多少事！學會借力，借別人的力，借工具的力，借平台的力，借系統的力，合作共贏！由此，你便找到了槓桿的著力點，得以撬動整個世界！這也是企業創造價值十分必要的過程，你一定要懂得「借力使力」，用智慧換效率，發揮扭轉力。

路是別人走出來的！切記！切記！

Chapter 3

洞察市場，
銷售力倍增

以最無痛的方式，開創最大志業，
讓你成為 2% 的創業存活者！

觀念｜創意
價值｜資金｜創新

- 創業並非盲目銷售
- 利基在哪裡？市場導向 vs. 個人導向
- 品牌決定你的市場價值
- 灘頭堡策略，搶佔新灘地

FROM ZERO TO HERO
makes a dream come true

創業並非盲目銷售

如果人是理性的動物，那應該只會買自己「需要」的產品或服務，但在消費者的世界裡，絕不是這麼簡單。如果人的消費行為真這麼單純，那可口可樂應該早就倒閉了，因為全世界賣得出去的飲料「理應」只有水，但可口可樂卻能成為世界大品牌；所以，創業不光是將產品賣出去，而是要把產品、服務、創意變成消費者心中「想要」的東西。

歷年來，男性假髮雖未暢銷過，卻也銷售不斷。頭髮稀疏對我們來說，確實是個大問題，會令人感到自卑，感覺人生的冬天不遠矣，更不用說現在越來越多年輕人有髮量稀疏的困擾。許多年近半百的中年人，頭髮會隨著年齡的增加而越來越稀疏，髮線退得越來越後面，這屬自然老化現象；就像女人怕生皺紋一樣，總費盡心思地想辦法補救，於是男性假髮、生髮產品、植髮……等產品、服務應運而生。

你的產品想大賣，不論設計或行銷，都應針對人性弱點來運作。我有一個朋友，開了一間專門賣「L」號以上尺碼的服飾店，他故意將「特大號」的商品懸掛在店門口，希望每位上門的顧客，都在心中產生「還好我沒有這麼胖！」的想法，然後就多買了幾件 L 號的衣服回去。人們常為解決心理問題而消費，總會有人不在乎價錢而購買，所以，我們在創業時，可以試著玩玩這類行銷手法，讓事業快速步上正軌。

日本有位「創意藥房」的老闆，他曾將一瓶 200 元的補品，以幾十元的超低價格販售，他推出這樣的活動促銷時，每天都有大批人潮湧進店中，把幾十元的補品搶購一空。不免讓人疑惑，這原先要 200 元的補品，現在用幾十元賣出，豈不是賠本生意嗎？銷量越多，營業赤字豈不越大？

但結果顯示，整間藥局的業績不但沒有出現赤字，反倒直直上升，這是為什麼？理由很簡單，因為來購買藥品的人，他們不只買促銷的補品而已，還會額外購買一些

藥品，這些「多賣的」藥品利潤便彌補了赤字部分，還獲得極高的利潤。

我們要明白人的欲望是無窮無盡的，當他看到某商店的招牌商品如此便宜，心中便會想：「那其他商品的價格一定也很便宜。」成功利用消費者貪小便宜的心態，形成一種盲目的消費行為。

這種「損益經營」的方式，在超級市場和百貨公司其實十分常見，所以顧客也不會那麼容易上當，可這種行銷手段不容小覷，像百貨公司若有許多滯銷品、庫存，就會以半買半送這樣類似的手段吸引顧客，讓消費者不小心多帶幾樣商品回家。

有個故事是這麼說的，從前有個乞丐，每天在廣場靠乞討維生，生活始終無法溫飽，有天他聽說附近有間專業行銷顧問公司，於是便跑去拜訪那間行銷顧問公司的老闆，希望老闆能給他一些好的策略……

老闆問：「你真的想讓收入增加十倍以上嗎？」

乞丐說：「是的！我真的想！」

老闆再問：「你姓什麼？」

乞丐回：「我姓李，木子李。」

老闆開始教乞丐。首先，要有自己的品牌，所以從現在起，乞丐就稱「叫化李」；但有了自己的品牌還不夠，乞討方式與競爭者要區別開來，必須「差異化經營」，讓別人覺得你有個性、有特色，與眾不同。所以，在乞討時要放一個立牌，上面寫著：「只收 5 元。」不管別人給多少錢，都只能收 5 元。想做大生意，就不能奢望把所有人都變成你的顧客，如果有人給 1 元，就要對人家說：「謝謝！我只收 5 元，麻煩您將 1 元拿回去。」如果有人給 10 元，那就要對人家說：「謝謝！我只收 5 元，我再找錢給您。」

叫化李有點不明白：「啊？照你這個策略，人家給 1 元，我不收，超過 5 元，我也不能要，那我豈不是大失血了嗎？這可不行啊！」老闆又強調了一次：「叫化李，

你聽我說，你想在乞討業有所突破，就必須照著我的話去做！」

叫化李只好半信半疑地照做，在地上放了個立牌，上面寫著：「只收 5 元。」過了不久，有人丟了 100 元到碗中，叫化李心裡很是掙扎，跟路人說：「謝謝。但我只收 5 元，所以找 95 元給您。」結果那個路人回到公司和同事說：「我今天遇到一個很特別的乞丐，不！他應該是瘋子才對，我給他 100 元，他竟然說只收 5 元，找我 95 元。我這輩子還真是第一次遇到被乞丐找錢這回事！」

隔天，很多同事都跑去叫化李那確認，想瞧個究竟，看他是不是真的只收 5 元。而叫化李只收 5 元的消息很快便傳開了，有電視台記者知道這件事後，特地跑來試探、採訪他，結果他真的只收 5 元，叫化李因此上了電視新聞，名氣和人氣水漲船高，收入比以前高出十倍以上。

半年後，行銷顧問公司的老闆決定去看看叫化李的成果，來到叫化李乞討的廣場，沒想到現場人潮絡繹不絕，老闆好不容易才擠到前面。「你找叫化李呀？他是我們老闆，他在對面，現在這裡由我來負責。」沒想到叫化李已經開放加盟連鎖了！

所以，創業就是這麼一回事，從「品牌」的差異化到「乞討方式」，不！應該說是「服務方式」的差異化，讓原本默默無名的乞丐起死回生，甚至建立加盟連鎖系統，真令人拍案叫絕！唯有讓你的產品與其他競爭者的產品產生差異化的效果，才能讓人有耳目一新的感覺，進而提高消費者的心理占有率（Shape of mind），引發消費者心動的購買動力，避免落入同質性過高所造成的削價競爭之中。

差異化可從產品、形象、功能、服務、人員等方向著手，製造獨特性和銷售力。而定位是企業為產品、品牌、公司在目標市場上發展獨特的賣點，定位良好的獨特賣點須能以簡易的方法和消費者溝通，以顧客的利益為優先考量，而不是以產品本身為首要標的。

換言之，公司必須具體塑造出期望的定位和獨特性，才能在眾多選擇中脫穎而出，讓產品在消費者心中占有一席之地，順利引發消費者購買的動力。

1 概念差異化

獨特的產品概念可以創造獨樹一格的差異化效果，讓人有耳目一新的感覺，從競爭的角度而言，可有效避開競爭者干擾，突顯差異性。舉例來說，在汽水市場當中，七喜汽水這種透明的清涼飲料，就是為了和可口可樂、百事可樂競爭清涼飲料市場，因而塑造出「非可樂」的產品定位，此一概念的改變就具有差異化的效果。好比清潔劑生產廠商也將合成清潔劑賦予非肥皂、洗衣粉等新定位，有著異曲同工之效。

2 形象差異化

這個方法是要讓消費者覺得公司形象比競爭者更勝一籌，重點在強調及傳達獨特的產品形象，不一定是強調產品功能。形象雖然有抽象及摸不著邊際的感覺，但用來作為產品定位的要素，除了具有加分效果外，還不容易被競爭者模仿。聯邦快遞標榜「使命必達」，為服務做了定位；Lexus 汽車傳達「追求完美，近乎苛求」的品質定位；萬寶龍鋼筆塑造出「The art of writing.」的絕佳定位，這些都是在產品形象上尋求差異化定位的案例。

3 功能差異化

利用產品的重要內涵、屬性、功能、用途等特徵，塑造出跟競爭者之間的正面差異，是產品差異化定位的有效途徑，也是消費者最容易感受產品差異化的方法；而產品屬性包括產品多樣性、品質、設計、特徵、規格、保證等，這都是廠商用來突顯產品差異化的要素。

保力達強調「漢藥底，固根本」，維士比標榜「採用人參、當歸、川芎等高貴藥材製造」，分別在勞動階層市場塑造「明天的氣力」及「健康，福氣啦」簡單直白的產品定位。至於大眾廣泛使用的手機也不再是單純接聽電話，而是兼具傳簡訊、收發電子郵件、上網看新聞、照相、遠端遙控等功能的「智慧型」手機，為產品找到全新的定位。

4 服務差異化

紅花須有綠葉陪襯才足以突顯，服務差異化是呈現產品附加價值的一種方法，許多廠商感受到產品同質性愈來愈高，紛紛轉向服務差異化。以台灣的披薩市場來說，達美樂率先提供外送服務，「達美樂，打了沒」的差異化服務給人留下深刻印象；麥當勞也看準外送市場商機，提供二十四小時外送服務；全國電子則標榜一天內到府安裝及優良的售後服務，打造「足感心ㄟ」的形象。

5 人員差異化

事在人為，產品差異化就是人員差異化的結果。員工經過嚴謹訓練，不斷充實新知及實踐服務理念，培養出比競爭者更優秀的服務人員，金融、保險、資訊、航空、百貨、直銷……等業者，都在人力資源發展上投入可觀資源。

要使員工做到一致性的差異化相當不容易，這需要透過企業文化的薰陶與理念的實踐，但做到一致性差異化境界的公司，能給人留下深刻的印象及讚賞。像王品集團，他們為了使旗下員工和其他同業有所區隔，每位員工都要接受嚴格的教育訓練，參加魔鬼訓練營，我想這就是他們靠服務，將年營收突破百億的成功關鍵吧！

最後，我們來談談所謂整合行銷的概念，其實這跟軍隊打仗時，將領如何整合海陸空及後勤單位聯合作戰的道理差不多。以現代化的戰爭來說，都是先使用轟炸機針對主要攻擊目標來投彈，然後再派地面的砲兵部隊、坦克車及步兵來進行全面掃蕩；同樣的，在打銷售戰時，通常電子媒體廣告、報紙廣播廣告或是新聞事件的操作

……等，就好比是轟炸機投彈，這些活動訊息能以最快的速度傳達到消費者的眼睛或是耳朵，讓他們對你的產品有一定的印象，但消費者不見得會馬上認同你的產品與服務，若想讓他們購買，就要像打仗作戰的地面部隊做進一步掃蕩，進行面對面的銷售攻勢後，才能確定購買行為，這些活動包括直接銷售、零售活動、批發銷售……等。

一般來說，在戰場上空軍都是支援的角色，最後的主角還是以陸軍為主，同樣地，在銷售通路上，廣告、公關、新聞活動事件也都是支援的角色，真正攻城掠地的是第一線銷售員。所以在運用整合行銷的策略時，一定要了解其中的主從關係，否則投入太多成本在廣告上卻沒達到目的，這樣就得不償失了。

相對地，如果不打廣告，也不製造新聞事件來打開銷售通路，僅一味地靠前線銷售員採取地毯式推銷，這樣的做法也會讓銷售員疲於奔命，而達不到預期目標；所以，建議各位創業者要好好規劃、整合行銷計畫，以免銷售目標沒有達成，還造成不必要的麻煩和資源浪費。

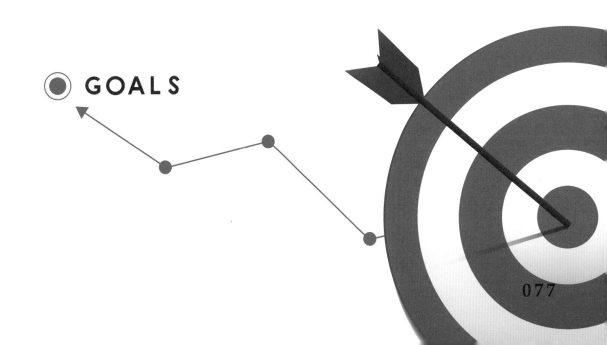

利基在哪裡？
市場導向vs.個人導向

人們在登山、攀岩時，常藉助一些微小的縫隙作為支撐點向上攀登。而這懸崖上的石縫或石洞，英文字面上的解釋就稱為「Niche」，本單元便要和創業主們討論「利基市場」！

在商業領域中，利基市場通常被用來形容市場中的縫隙市場，而這種利基市場有個特點，那就是企業會選定一個很小的產品或服務領域，集中火力讓自己搶先進入，成為該領域的領導者。先從當地市場擴大至全國，再一步步進軍全球，同時建立各種進入障礙，以保持持久的競爭優勢，也就是前面提到的壟斷。

對創業者來說，選擇利基市場開創事業是一個很好的切入點，但前提是你得找到利基市場在哪裡。利基市場通常是指那些被具有絕對優勢的企業所忽略的細分市場，企業選定一個產品或服務領域後，集中力量發展成為領先者，先在當地市場發展，再由當地向外擴展至全球市場，建立各種壁壘，並透過專業化經營，獲取更多的利潤，形成持久的競爭優勢，開創出自己的一片天。

比如說，汽車車頭都會裝設品牌標誌，但汽車公司一般不會設立特定的工廠，專門為這個汽車標誌成立公司，只做這個不起眼的東西來服務各車廠，而不做其他產品。汽車標誌這個市場雖然看起來很小，但換個角度想，如果你能爭取到全球70%的車廠都向你下單，使用你生產的汽車標誌，那可就賺翻了。

再舉個例子，喝可口可樂的時候，你肯定不會聯想到「永本茲勞爾」這家企業，

而且你可能根本不知道這間企業，但每瓶可口可樂都跟永本茲勞爾這家公司有關。永本茲勞爾專門生產檸檬酸，是獨霸全球的檸檬酸產業的領導品牌，在飲料消費市場中，從檸檬酸找到利基市場，創造出價值。

另外，有一家叫格里茲的公司，專門生產劇院布幕與舞台布景，是全球唯一生產大型舞台布幕的製造商，全球市占率高達 100％。紐約大都會歌劇院、米蘭斯卡拉歌劇院、巴黎巴士底歌劇院等大型劇院的舞台布幕都是由格里茲所生產。而瑞士公司尼瓦洛克斯，你對它可能也一無所知，但你配戴的手錶中的游絲發條很可能就來自尼瓦洛克斯，其產品在全球的市占率高達 90％。

還有一家名為日本寫真印刷株式會社，這間公司來自日本京都，是小型觸控螢幕的全球領導者，擁有 80％的市占率。更有間 DELO 公司專門生產黏著劑，一般消費者可能沒有察覺也不知道，但它已成為我們生活中不可或缺的東西了，舉凡汽車安全氣囊感應器、金融卡和護照內的晶片，都使用 DELO 生產的黏著劑，全球每兩支手機就有一支手機使用 DELO 生產的黏著劑；在現今 IC 卡等新科技蓬勃發展的年代，讓 DELO 成為全球市場的領導者，目前有 80％的晶片卡都使用 DELO 的黏著劑。

這些公司都成功佔據利基市場，但他們的產品嚴格說來都不怎麼起眼，那為什麼他們的產品能讓客戶非買不可呢？原因只有一個，那就是「獨特的技術與服務」。這些以利基市場為基礎發展的公司，不只在一件大事情上做得特別出色，更在一些不起眼的小地方做出改進，不斷精進自己的技術、競爭力，成為世界第一。這類企業在獨特的市場區塊中，產品往往不起眼，成長後勁卻很強，屬於世界級的企業，以致全球沒有什麼競爭對手。

以這些利基市場生存的公司來說，重點在於創造價值，市占率高並不代表領先市場，真正能領先市場的原因，是他們獨特的技術活躍在新興市場，這也是以利基市場創業的公司，能成長快速的原因。

新興市場發展有個共通點，那就是這個市場的技術服務持續創新，利基型的創業者掌握了技術創新的主導權，活躍於快速成長的新興市場中，使這些創業者能一飛沖天。

比如以風力發電獨霸全球的愛納康公司，他們在風力發電與風能利用，掌握了關鍵技術。這間成立三十多年的企業，如今已擁有一萬三千多名員工，發展非常驚人，且全球環保意識抬頭的影響下，各界對再生能源的需求大增，其成長可望持續下去。

以利基市場創業的公司，不只是新興市場成長而已，即使是在較成熟的市場，這些創業者的成長表現也相當不錯。比如說，安德里茲這家冠軍企業，主要生產造紙專用的機器設備，屬於成熟市場產品，但在 1980 年代末期重新定位策略，走上透過併購來謀求企業發展的道路，目前安德里茲已完成多起企業併購案，並持續成長中。

以利基市場創業，並持續成功的方法之一，便是專注在某塊產品領域，只生產一種產品，用心耕耘一塊市場。成功的創業者通常把市場範圍定得很小，市場規模相對於其他產業，也相當的小；所以，當他們在評估自己該往哪個產品市場領域發展時，不是從市場數據來決定自己要專注在哪個領域，而是從走入市場、貼近客戶挖掘自己適合的產品市場，針對這塊領域不斷精進自己的技術服務。也就是說，在利基市場上成功的創業者，其實是從客戶的反應，來決定自己要發展哪一領域的產品，並在技術上不斷精進，直到稱霸全球為止。

從利基型創業者的成功經驗來看，創業者要找到自己的利基市場，必須先專注於自己最在行的產品，先求專一深入市場，不求多角化拓展市場。

成功的利基型創業者，普遍會拒絕多角化經營，他們傾向技術與服務專業化，將公司大部分的資源聚集在某個重點產品上。以醫藥包裝系統的全球領導業者烏爾曼公司為例，他們成功的策略便是專一發展特定的產品領域，烏爾曼公司表示，他們過去只有一個顧客，未來也只會有這一個顧客，而這個顧客就是製藥公司。

1　服務技術力求專精，行銷地域力求擴展

利基型創業者的毅力要相當驚人，在拓展市場過程往往得花上幾十年的時間，來拓展產品行銷領域，因為利基型創業者的產品，通常較為冷門，所以市場規模相對較

小。但全球化拓寬了利基型創業者原本狹隘的市場，比方說溫特豪德這家公司，他們專注於提供飯店和餐廳洗碗相關設備與服務，這種產品的市場無法供應小家庭，客戶圈很小，必須發展全球化市場，才能讓企業不斷壯大，持續成長。

全球化擴展產品，已成為利基型創業者重要的行銷策略，簡單來說，成功找出自己價值的祕訣，在於產品服務與技術上力求專精，並在行銷地域上力求擴展。曾有份根據全球利基型創業者的調查，發現利基型創業者會為了更貼近客戶，用很多方法與國外客戶見面。

2 直接銷售，找到利基市場

另一個利基型創業者成功的關鍵在於，他們跟客戶的關係非常緊密，提供的產品和服務具有高度複雜性。據調查，有3/4的利基型創業者採取「直接銷售」的商業模式，以利於與客戶保持經常性接觸，因而能跟客戶建立穩固的夥伴關係。且有71％的利基型創業者買家是老主顧，七成以上的客戶依賴他們所提供的特定產品；40％的利基型創業者聲稱自己曾與客戶共度艱難時刻，另約有68％的創業者認為自己與最重要的客戶關係匪淺。

利基型創業者不會因為客戶訂單少，就不願意接單，對他們來說，固定訂單和一次性訂單都很重要。那為什麼利基型創業者會連一次性的小訂單都願意做呢？關鍵在於利基型創業者提供的產品種類，有的是定期供貨的產品，有的是久久才需要購買的投資品，所以不管是小訂單還是大訂單，只要能解決客戶需求，訂單自然持續而長久。

滿足客戶期望、幫助客戶成功，決定了利基型創業者公司的價值，其次對這類型的創業者來說，最重要的是企業形象，利基型創業者擅長在小規模市場裡建立形象，藉由好的形象來強化自己的品牌。

3 創新模式找到利基市場

客戶服務、企業形象，對創業者來說都是對外的關係，但光強化對外關係是不夠的，真正能讓創業者立於不敗之地的是「創新」。很多利基型創業者都盡心朝創新的

方向前進，比方說，工業鏈條組件生產領域的市場領導者 RUD 公司，一直保持技術上的創新領先地位，是他們發展策略上的重點。

且利基型創業者的創新不只表現在技術和產品方面，企業在流程上的創新也同等重要。舉例來說，歐洲最大的宅配冷凍食品公司 Bofrost，把產品直接送到消費者的冷凍櫃中，確保冷凍過程完全不中斷；而另一家 Würth 公司的高效率銷售物流配送系統，會自動補充客戶需要的物品，相當方便。

同樣地，行銷模式創新也很重要，行銷模式創新能延長現有產品的價值鏈。舉例來說，以全球電動工具及零配件的領導廠商 BOSCH 電動工具為例，他們在全球的大型賣場引進店中店的概念，現在他們擁有七百家店面，使銷售額增加 330％。另外像全球氣動自動化領域的領導者 FESTO 公司，他們針對不同的客戶，設計專業的產品目錄，這項創新行銷服務能有效地鎖定客戶需求，取得客戶訂單。

除此之外，簡化也是利基型創業者的另一種創新，例如 IKEA 把產品變得簡單，讓消費者自行組裝家具，降低組裝成本，使他們的商品售價得以壓低，在薄利多銷的情況下，仍能保持 10％以上的利潤水準。

4 從優、劣勢找到自己的定位

創業者可從自身的優、劣勢分析出自己該走哪一條路，上一點提到 IKEA 把產品變得簡單，讓消費者能自行組裝家具，以降低組裝成本，正是 IKEA 著眼於商品比一般家具店多樣，成本可壓低的優勢，定位出組裝家具的市場區塊，鎖定年輕人喜歡組裝家具的目標消費群，針對消費族群的消費力，調整產品價格策略，調整行銷策略定位，找到合適的切入點。

世上沒有任何一樣產品可以滿足所有的消費者，以利基市場創業，只能針對特定客戶、特定產品行銷，一旦聚焦特定產品銷售，創業者就要將大部分資源聚集於此特定產品。找到自己的利基市場，對創業者來說，是讓自己獲得快速突破和發展的良機，透過尋找利基市場，進一步分析和判斷，才能整合和優化資源，攻占目標市場。

運用 SWOT 分析找出優劣市場

Google 由於很清楚自己的定位是提供搜尋引擎，而非提供內容服務的行業，因而能勝出 Yahoo；只要你深究 Google 的實質工作內容，會發現他們既不生產也未掌握任何原創內容，只不過是做到「組織網路上的現有內容」，便成為公司主要的優勢所在。

Google 為什麼甘願只把一項服務做到最好、最專業，肯定也是做了一定的研究分析，才確認市場的定位。所以，接下來想跟創業主們談談這最基本的研究工具——SWOT 分析。

在管理學上，運用 SWOT 分析可以幫助創業者界定自己的市場與特長，以獲得預期的目標。所謂的「S」指的是 Strength，是「優勢」的意思；「W」為 Weakness，也就是弱勢；「O」是 Opportunity，也就是機會；「T」則是 Threat，也就是威脅。

以下圖為例，優勢（S）和機會（O）為個人或事業體的正面影響，弱勢（W）及威脅（T）則為市場、大環境可能帶來的負面影響，所以，我們應該思考如何解決這個問題，將＋－相互抵銷，盡可能將利益最大化，傷害最小化，轉換為正向發展。

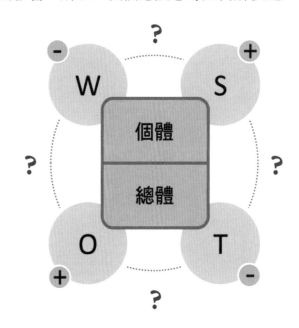

以我自己為例，我非常了解自己的優點及缺點，我是文編出身，讀過很多書，文筆也不錯，但關於設計、美學、色彩……如何讓書整體亮眼、精美這方面我就很弱了。從小到大，我成績最差的就是美術、音樂和體育，若我這輩子想補強這些劣勢會很痛苦，因此，我當初創業、設立出版集團時，就竭盡所能地去找可以補足這方面的人才，借他們之力共同來做出版，這樣內容跟外觀就都有了！

所以，不管創業還是任何事情，你都要懂得先用 SWOT 分析出自己的優、劣勢，才能想辦法解決、改善，以下跟創業者們分享幾個企業透過 SWOT 分析改變的案例。

1 Google 清楚定位而取得市場領先

企業的優缺點，可以透過內部組織的分析得知，就如創業者自己的優、缺點，能夠從個性與過往的成就與經驗，來明白大致情況，但如果是企業的機會與威脅，就要從外部環境來分析。

舉例來說，Yahoo 一直認為掌握內容服務事業就可以勝出市場，但他們錯估了當時的市場需求，大眾要的其實是一個可以提供快速搜尋服務的網站，而非大量內容的網站，因為內容來源可以從舊媒體取得，不需要網路公司大費周章的產出；相反地，Google 致力於研發搜尋引擎，並善盡做組織、搜尋的行業，把握住這項市場機會，在原先的市場上造成威脅，因而讓 Yahoo 失去領導市場的機會，成為該產業的佼佼者。

2 柯達公司錯失數位相機市場

另外，柯達公司也是一個「無法看到市場的機會與威脅，以及自己優點與缺點」的公司。在數位相機普及的時代，傳統底片的年代已宣告式微，但柯達公司一直到 2004 年，才宣布停止在美、歐等成熟市場銷售傳統底片相機，進行轉型。柯達投資 35 億美元進行重整，特別著重於數位影像科技部門，包括旗下的數位影像產品，註冊會員超過七千萬人的線上服務、全球八萬家零售點以及一系列的數位相機、印表機、及相關設備。

這個決定雖然是正確的，但決定得太遲了，柯達已無法跟惠普、佳能等對手較量，導致公司虧損連連，無法在相機市場上取得領先地位。若以會員數七千萬人的線上服務實力來說，柯達其實可以走向線上影像和記憶行業，可惜柯達公司被實體事業所限制，讓網路上最有名的相片群網站 Flickr，被當時的新興網路公司 Yahoo 買下，錯失翻身的機會。

3 電動汽車大廠特斯拉起死回生

特斯拉（Tesla）為電動車品牌，從實質傳統指標來看，特斯拉無論在車輛出貨數量、營收與競爭對手的差距以及獲利能力上，根本比不上其他傳統汽車公司，例如一

年車輛交貨量少於通用汽車的 1%，始終處於虧損狀態，更曾瀕臨破產。

　　但特斯拉不與傳統汽車廠商競爭，因進入電動車領域的緣故，所以跨界涉足綠色能源事業，反而讓其他車商跟從，好比特斯拉在 2016 年收購 SolarCity，賓士隨即在美國成立能源部門，另外像 BMW、福特……等汽車生產商，也建立自己的能源儲存以及嘗試車輛對電網的一系列公用事業和再生能源供應商。

　　特斯拉為了長遠計畫，決定在主流市場推出價格更實惠的 Model 3，帶動整體公司由虧轉盈，也宣布可透過軟體升級方式，將其電動車轉變為無人駕駛車，使其股價的走勢就像 Amazon 一樣，在未來前景極為看好之下，成為全球排名第四的車輛製造商，也是美國第一大的車輛製造商，為北美最有價值的汽車公司。

Tesla Model 3 系列。

　　總之，特斯拉將視野拉廣至電動車、無人駕駛車、先進電池到儲能，讓傳統汽車品牌疲於奔命，面臨有限資金要分配到哪一個市場的抉擇與挑戰，各界所認為的弱點，在特斯拉眼中都是獨有的優勢。

　　其實也不一定要爭取到領導地位才算取得成功，有時候透過「策略聯盟、雙贏策略」，兩家或兩家以上的公司或團體，基於共同的目標而形成，各取所需、截長補短，各有優勢長處、相互合作，也能開創良好的事業基礎。例如：肯德基公司為了在日本

開設連鎖店，與三菱集團進行策略聯盟，因為三菱企業對日本市場的熟悉度一定比肯德基公司來得好。

在台灣，連鎖便利商店雖是一股時代趨勢，但7-11當初如果沒有找台灣統一企業合作，要在市場上勝出也不大容易。7-11之所以能崛起，便是因為其能充分運用精確的物流管理系統這項優勢，以及熟悉台灣市場的統一企業，才打贏傳統雜貨店。

SWOT分析對於事業、品牌來說極為重要，且2020年全球受到COVID-19影響，全球經濟重創，從美國股、歐亞股，一直到台股，接連重挫，國際油價也劇烈波動，這些都顯示這不僅是公共衛生的挑戰，更是全球經濟的一大關卡。

許多餐飲、觀光、零售產業也接連傳出無薪假、歇業、倒閉的消息，台中的亞緻飯店、台北的六福客棧和知名老牌餐廳祥福樓等，連知名餐廳台中阿秋大肥鵝也無法抵擋衝擊，宣布歇業，新的市場已然重新發牌。

全球的企業皆需面對此次的外在環境變化，但並非所有品牌都將此次變化視為威脅，對某些產業或品牌而言，他們反而將其視為大發利市的機會。疫情或許影響消費者出門的意願，實體門市的餐廳、賣場首當其衝，來店人數下滑影響營收，但對於外送、電商、衛生用品的產業和品牌而言，消費者對防疫的看重，反而更倚賴這些品牌，對他們的需求提高。

外部環境是機會還是威脅，必須以品牌或企業本體來判斷，如果環境變化對自己的營運有好處，即使是對大眾不好的事，卻也是一個市場機會；反之，即使是對社會大眾好的事，例如科技的發展，對於一些傳統產業的廠商而言，卻可能是減少營收的市場威脅。

SWOT分析是一個基礎的分析架構，要把各種「狀況」填入對的位置，然後加以分析相對關係，思考如何因應。因此，在面臨危機時，我們反而要努力提升自己商品和服務的品質，以品質來吸引消費者，一旦危機解除，就能用較好的品牌力獲得超額利潤，擺脫低價競爭的泥淖中，視危機為轉機。

品牌決定你的市場價值

桂格創辦人曾說：「如果企業要分家分產的話，我寧可要品牌、商標或商譽，其他的廠房、大樓、產品，我都可以送給你。」

宏碁前董事長施振榮先生也曾提出一個著名的「微笑曲線」，認為企業要創造更高的價值，只有靠兩種方式。

如右圖所示：一種是靠研發和設計，另一種則是品牌和通路。一個皮製手提包，只要印上「LV」的 Logo，售價就翻了數十倍，衣服加上 NIKE 的 Logo，價值也跟著水漲船高。所有價值取決於產品上的 Logo，因此無論是個人還是企業，對建立品牌這件事情千萬不能忽視，因為品牌能帶來的無形力量，是你無法想像的。

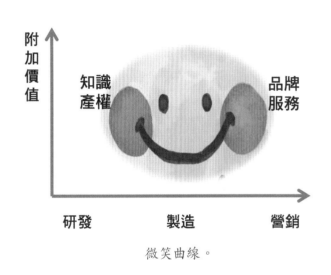

微笑曲線。

品牌的概念是在十九世紀末二〇世紀初開始發展，當時從事手工藝的工匠們會在作品上留下註記，作為自己創作的象徵；而牧場的主人會為了辨識自己的牛羊，在牠們身上留下烙印，標示此為自己的財產。之後隨著零售業的成長和普及，廠商開始為商品命名，或用特殊的文字圖案來標示商品，這就是品牌的由來。

無論你走進便利商店、3C 賣場、大型量販店，還是百貨公司等，看到的是數千數萬種商品，即使同一類商品，也有多達數十種以上的品牌。若消費者沒有一定要買哪一種品牌的產品，或各品牌的產品價格差異不大時，消費者通常會購買他們最耳熟能詳的品牌。因此，我們要為自己的品牌建立多元的正面聯想性，以下五大方向供創業主參考。

1 特質

一個好的品牌要能在顧客心中勾勒出某些特質。比方說賓士汽車勾繪出一幅經久耐用、昂貴且機械精良的汽車圖像；假如一個汽車品牌未能勾勒出任何與眾不同的特質，那這個品牌肯定不是一個成功的品牌。

2 個性

一個好的品牌應能展現一些個性的特點。假如賓士是一個人的話，我們會認為他是一個中等年紀、不苟言笑、條理分明，且帶有權威感的人士。

3 利益

一個好的品牌應暗示消費者將獲得的利益，不僅僅是特色而已，像麥當勞讓人聯想到高效率的供餐速度及實惠的價格。

4 企業價值

一個好的品牌要能暗示出該企業擁有明確的價值感。賓士能暗示出該品牌擁有一流工程師和最新的科技與汽車安全的技術，在營運上也十分有條理並具有效率。

5 使用者

一個好的品牌應能表現出購買該品牌的顧客屬於哪一類人。我們可預期賓士所吸引的車主是那些年紀稍長、經濟寬裕的白領人士，而不是年輕的毛頭小子。

根據美國行銷協會（American Marketing Association，AMA）的定義：「品牌是指一個名稱（name）、名詞（term）、設計（design）、符號（symbol）或上述這些的組合，可以用來辨識廠商之間的服務或產品，能和競爭者的產品形成差異化。」以下介紹四種品牌呈現方式。

1 圖案

例如：Apple 電腦的缺一口蘋果，四個圓圈圈的 Audi 轎車，金色拱門的麥當勞……等等。

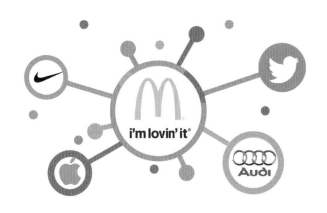

2 文字

例如：IBM、ASUS、HP、SK-II、BMW、eBay、Nokia、BenQ、Fedex、Coca Cola、Uniqlo、Zara、Canon、SONY……等。

3 文字與圖案的組合

例如：愛迪達三條線加上 adidas，國泰金控集團配上一顆綠樹，HANG TEN 加上兩隻腳丫……等。

4 象徵人物

例如：巧連智的巧虎、大同寶寶、麥當勞叔叔、肯德基爺爺、迪士尼的米老鼠及唐老鴨……等。

成為某領域、某行業或某產品的代名詞，是一個公司最寶貴也最具競爭力的無形資產，也是品牌價值。比方說，講到汽水你會想到什麼品牌？講到速食店你會想到什麼品牌？講到咖啡你會想到什麼品牌？講到便利商店你會想到什麼品牌？提到平板電腦你會想到什麼品牌？講到大賣場你會想到什麼品牌？講到國民服飾你會聯想到什麼品牌？

產品的品牌就像企業的門面。美國的奇異、日本的松下、中國的海爾……都極度重視產品的品牌形象，這些企業產品不但品質好，售後服務和形象廣告也都十分完備，唯有讓顧客心裡覺得貼心，才能大規模的發展。就算發生企業危機，這些商譽本就不錯的廠商，也可以用之前深植人心的美好形象來挽救，讓大家覺得錯誤只是無心的疏

失，進而原諒犯錯的廠商。

但多數企業總會以為產品的銷售量增加，就是品牌建立成功的結果，這是錯誤的觀念。因為銷售量的激增，可能是因為做了一堆能把業績推上去的促銷活動，而這些促銷活動並非常態，只是為了壯大產品聲勢而推行的暫時性計策，一旦這些活動停止，銷售量就會回到原先的水準。

產品品牌的知名度、商譽、忠誠度是需要長期的業績穩定成長來證明的，但有些企業會為了獲取短期利益，而不顧長期的考量，這樣絕對無法建立起一個良好的品牌形象。

其次，多數企業以為產品的品牌形象應該要日新月異，常常變化，這個觀念其實不完全正確，品牌的核心理念應該是固定不變的，唯有表達的手法可以有所差異。像可口可樂一直將產品的核心理念定位在年輕、歡樂，但產品代言人與表現方式常替換，也經常拍攝新的廣告，始終朝著年輕、歡樂去塑造形象，讓消費者對可樂的印象趨於一致，這才是建立品牌的正確方式。

企業在做品牌時，如果沒有符合核心理念，選擇代言人時也是看誰當紅就選誰，完全不考慮品牌形象的問題，這樣的品牌塑造大多會失敗。像台灣食品業界的老大統一企業，他們本想將觸角擴展到中國電腦業，把瀕臨破產的王安電腦買下來，試試看能不能再跨足其他領域，所以中國市面上曾出現統一電腦，但銷售量卻不盡理想。

其實這是必然的結果，因為大家習慣把統一和餅乾、飲料、泡麵等食品畫上等號，消費者一時無法接受「統一電腦」，認為統一製造的電腦一定不如它的食品優秀；由此可見，擴張產品線雖然是一件好事，但如果不能堅守產品的定位，使新產品和舊產品的差異太大，對企業反而是沒有助益的。

整合行銷傳播學之父唐・舒茲（Don E. Schultz）曾透過對眾多知名企業家、商業圈和代理機構的市場研究和問卷調查等方式，歸納出建立品牌的九大黃金法則。

- 品牌策略與公司整體策略要相互一致。
- 高級管理階層要深度參與品牌的創立。
- 設計一個合理的品牌與穩妥的企業識別系統。
- 公司對品牌要有 360° 的全盤認識。
- 優秀的品牌要能簡潔地表達企業的核心價值和承諾。
- 商標獨一無二，內含完整資訊。
- 在與客戶接觸時，品牌要能傳遞出引人注目、連續且一致的資訊。
- 偉大的品牌是由內而外打造出來的。
- 隨時衡量品牌的傳播效果和品牌的經濟價值，以更進一步做出「品牌再加值」的動作。

孔子有這麼一段話，你以前唸書讀《論語》時應該背過，子曰：「必也正名乎，名不正，則言不順；言不順，則事不成。」這段話是說，我們做事要正名，這樣才能成功；其實賣產品與服務也是如此，為產品與企業取個響亮的名字，在行銷上確實能得力許多。像資生堂、凡賽斯、可口可樂、無印良品……等都是將品牌精神與產品內容做出極為巧妙結合的例子。所以，我們先來討論一下品牌命名的技巧與方法。

1 展現商品特性

一看到名字就可以了解產品內容。舉例：檜樂是檜木手工小物。

2 符合品牌個性

一看名字就道出品牌宣言及企業形象。舉例：日本化妝品牌資生堂、台灣樂器及自行車品牌功學社、台灣連鎖書店品牌誠品書店。

3 特別有畫面

一聽到產品名稱就有聯想畫面。例如：方塊躲貓為鐵鋁櫃置物架。

4 假借常用的詞彙

品牌名稱可能是相關語或同音異字，例如：經營居家用品的無印良品、經營喜餅禮盒的大黑松小倆口、經營婚紗店的 I Do 愛度。

此外，創業者在創造品牌名稱時，要特別留意不要太商業氣息，給人「促銷」的感覺；再者，品牌一定要有強烈的辨識度，好記、容易上口，最好中、英文名稱都要有。接下來，我找了一些品牌例子，透過成功商品的內容與其名字之間的微妙關係，讓創業者了解如何透過品牌名稱成功塑造品牌印象。

資生堂將品牌精神巧妙融入產品

資生堂這個化妝品牌可說是無人不知無人不曉。一般人望文生義的結果，一開始可能會覺得品牌名稱與產品無法做連結，但只要我們深入了解該公司的品牌宣言及其演進歷史，就能理解為何要取名為資生堂。

資生堂企業宗旨為「一瞬之美，一生之美」，字裡行間充分透露出資生堂想發掘更深的價值，進一步創造美麗的文化生活的企圖，其最終理想就是希望大家都能美麗的生活下去！而這正是資生堂當初設計品牌名稱的初衷。資生堂「Shiseido」取名源自中國《易經》中的「至哉坤元，萬物孳生，乃順承天」，意義為「讚美大地的美德，因其哺育了新生命，創造了新價值」，所以資生堂一直以來都致力於生活品質的提升及追求健康、幸福的一貫理念。

此外，資生堂自創立以來，始終將西方先進技術與東方傳統理念結合，融合在其產品名稱、包裝以及品牌的推廣上，這也是品牌成功的一項特點。以資生堂公司推出的「禪」香水為例，此香就是取法西方的芳香學，放入竹香、紫羅蘭、鳶尾花、丁香花、茉莉花等材料表現寧靜和自然的特質，但瓶身的設計卻充滿著禪味，包括精緻細膩的金色系花葉，據說設計靈感是來自十六世紀日本京都廟宇。

　　從企業名稱到產品內涵，資生堂無不細心經營其品牌價值，並呈現出一貫的傳承理念，這是相當不容易的，但也是因為資生堂能將品牌宣言與產品內容緊密結合在一起，才能不斷衍生創新與追求卓越的企業目標。所以，各位創業者千萬要注意，當你在為自家品牌命名時，務必想想更遠大的目標，你也許也能創造出跟「資生堂」一樣的品牌，一舉紅遍全台灣。

　　以上，我們僅就品牌名稱、企業宣言、產品的命名與產品行銷來做研究討論，企業要形塑一個品牌達到產品行銷的目的，是有許多方向可行的。接下來，我們來看看世界知名服飾品牌 VERSACE。

VERSACE 服裝設計擄獲人心

　　說到 VERSACE，我們不得不提其註冊商標上那個來自希臘神話中蛇髮女妖梅杜莎的形象，據說梅杜莎的頭髮是由一條條蛇所組成，髮尾即是蛇的頭，且她特別愛以美貌迷惑人心，只要和她對到眼的人即刻化為石頭。換言之，梅杜莎所代表的意象就是致命的吸引力，而 VERSACE 所追求的正是那種美的震撼力，一種充滿瀕臨毀滅的強烈張力。

　　很多女性都曾發誓一定要擁有一件 VERSACE，它的品牌魅力猶如一股強烈的颱風正席捲整個時裝界。前面幾段談論到品牌精神與產品內涵的關聯，在這裡，我們來聊聊 VERSACE 的作法。

　　以 VERSACE 的女裝服飾設計來說，豪華、快樂與性感是其主要特點，所以像寶石般的色彩、流暢的線條及不對稱剪裁都能充分地展現其奢華的高貴感，領口常開到腰部以下，套裙、大衣也都以線條為標誌；如此一來，更能將女性身體的性感表露無遺。創辦人也說過，他寧願過度地表現，也不願落入平庸。

　　除此之外，VERSACE 之所以能在市場大放異彩，人脈與廣告攻勢是不容忽視的原因。品牌創辦人吉安尼‧凡賽斯（Gianni Versace）交友廣泛，尤其是廣告界的朋友、

攝影師，透過與這些朋友的交往，充分掌握市場上服裝業的趨勢及動態。

此外，不光是廣告界的朋友，他也曾為已故的英國黛安娜王妃設計晚禮服，讓黛妃的活力與熱情呼之欲出，藉由黛安娜王妃的「示範效應」，成功在英國打響名聲，更傳遍全世界。常說名牌與名人始終脫不了關係，若由凡賽斯來看確實很有道理。

VERSACE 通常會在設計服飾的時候，就一併著手宣傳活動，尤其是 VERSACE 的產品介紹手冊，印製得非常精美，包括可愛卡通、時尚美術，超酷的模特兒也都在手冊中，令人愛不釋手，這樣相互傳閱的結果，品牌的名聲也不脛而走。

再者，VERSACE 服飾的製造與銷售也有一套，據說他們在服飾的設計、製造和運輸上，只要五週就可以完成，這樣的效率把設計製造與零售緊密連結在一起，在業界堪稱一絕，也難怪能在時尚精品界颳起巨大的旋風。

VERSACE 靠著精美的產品廣告手冊與廣告界良好的互動關係，成功讓品牌形象推廣出去，這都需要付出相當的金錢與時間才能換來，但若是用新聞稿，甚至創造新聞事件讓媒體來採訪報導，不但不須花錢，效果有時更顯著。

就記者來說，他們每天要跑的新聞很多，實在無法花太多時間聽你詳細講完遠人的理想，所以，店家通常會自行擬新聞稿給記者參考，讓記者能在最短的時間內了解重點，同時也讓店主能將產品與服務的大小事件都鉅細靡遺地闡述清楚。至於要如何聯絡記者來採訪呢？除了平常就要與記者保持聯繫外，透過各地方政府的新聞課轉發新聞稿及中央社的國內活動預告登記也是個可行的辦法。

新聞報導雖然可以引起大家的高度關注，但新聞價值的時效有時候只有一天，最長也頂多數十天而已；因此，如何將品牌的意象深烙在社會大眾的腦海中就變得非常重要。

灘頭堡策略，搶佔新灘地

最後，我想跟創業者們討論，掌握利基市場後，如何搶占灘頭堡，進一步創造「無人能及的市場」，灘頭堡作戰是一種軍事戰略，入侵敵方領土時，你需要集中力量與火力，專攻與專注在一個小邊界地區，將該地區先做為你的攻略據點，然後再一步步攻佔敵方其他領地。換到商業來說，就是將資源集中在某一個關鍵領域，之後再拓展到更大的市場。

Palo Alto Software 創始人 Tim Berry 認為灘頭堡策略對於企業，尤其是初創企業的商業規劃來說同樣具有借鑑意義，他提出初創企業在推行灘頭堡策略的同時，要有在搶占第一個核心市場後，繼續擴大市場的後續想法和策略。

艾森豪曾說過一句話：「計劃是無用的，但規劃是必不可少的。」灘頭堡策略對企業同樣具有很高的指導價值。因為對於企業來說，尤其是初創企業，灘頭堡策略能將資源集中在一個關鍵領域，通常是一個較小的市場或較小的產品類別，所以在拓展更大的市場前，你必須先贏得這個小市場，甚至在這一小市場中占據主導地位。

在傳統的觀念中，去分食現有市場，並殺出一條血路的策略叫「紅海策略」，一般而言，此種策略都是採用價格或是促銷方式競爭，然而若是削價競爭，即使增加營業額，最後的淨利仍降低了，最終市場還是只能分食這塊固定的大餅，所以必須將餅畫大，創造出「藍海策略」。

跳脫出傳統競爭市場的概念，將整個產業的市場作大，找到一個新的市場或是競爭力，就被稱為「藍海策略」，藍海策略講究價值創新，創造新的顧客需求。但成功的藍海策略，總會有競爭者去模仿並複製成功經驗，藍海最終仍會變成紅海，所以為了擁有長期競爭力，就必須顛覆大家所認知的市場，開拓全新的領地，創造出競爭對手無法模仿的商業模式。

以我所經營的出版事業來看，最顯而易見的紅海開創藍海案例便是誠品書店，當各家書店分食一塊大餅時，誠品開始思考如何創造新的價值，不僅僅是賣書而已，還要將人文、藝術、創意及生活的元素融入整個書店體系當中。

又隨著電商崛起，新興平台 Amazon 超越藍海，創造了一個所有競爭對手都無法模仿的新灘地。Amazon 顛覆傳統圖書的產業模式，創造出一個屬於自己的網路書城平台，提供了客戶全世界最完整、最快速且又有最高折扣的平台，並開發出客戶端的應用程式，滿足顧客所有需求，進而創造出嶄新的商業模式、資源運用及利潤公式。

一般要利用灘頭堡策略攻佔新灘地，你必須要掌握幾個核心，首先，必須能夠辨別出顧客尚未被滿足的需求，抓住這個需求後，還要能夠創造出一個利潤公式，並整合所有資源，打造出競爭優勢，然後視趨勢調整、改善這套商業模式，以持續佔據高地，擁有主導地位。

所以，思維格局是否夠大，為創造利基市場的重要關鍵，待找尋到利基市場後，運用灘頭堡策略來穩固、慢慢擴增新的事業，以發展出關鍵資源及 BM 的最大價值。

以科技公司技嘉為例，儘管全球經濟受到 COVID-19 衝擊萎縮，各行各業訂單因而銳減、收益減少，但技嘉仍持續擴大投入電競、創作者系列，且受惠雲端與 AI 人工智慧需求依然強勁，加上 5G 應用需求增長，他們認為 5G 時代是 AI 與高速雲的時代，所以決定持續打造全系列高速 AI 雲端伺服器產品，積極投入邊緣運算的技術研發，建立新灘頭堡。

創新，是一種知識的轉化與共享後的結果，讓原本身陷於紅海的企業有再一次翻身的可能。因此，當我們在尋找新灘地的時候，試著花一些腦筋從原本沒落的市場或產品，找尋最基本、最重要的價值，然後加以放大、增加或轉化，也許各位創業者也能發現產品新的生機與商機，避免掉入過度競爭，而自相掠奪資源的窘境，創造出無人可及的產品服務市場。

諾和諾德（Novo-Nordisk）公司在 1985 年開發出的胰島素筆針，便是成功佔領新灘地的好例子。在胰島素筆針還未開發出來前，糖尿病病患注射胰島素時，需準備注射筒、針頭及胰島素，整個程序既複雜又麻煩，直到筆針這種簡便的注射器出現，才大大消除病患注射胰島素的不便利性，使胰島素筆針成為一個炙手可熱的產品，而這一切只因為諾和諾德公司留意到病患的使用需求，將之設計到產品裡，讓產品市場

得以打開，創造當時無人可及的境界。

逆向思考，想到別人想不到的

1960 年香港房市崩盤時，華人首富李嘉誠採用逆向操作的模式，傾注所有資金收購房產，當時大家都認為他瘋了，做出這麼不明智的決定，但事後證明他的逆反策略是成功的！

凡投資過股票的人都知道，每當股市到達一個高峰時，儘管新聞媒體、專家名嘴大喊上看幾萬點，前景一片光明，但你要知道，最好的時候也是最壞的時候。《易經》：「物極必反。」凡是大家最看好的時機，就是我們戒心與防禦力最弱的低點，其潛在危險也更大。在股價拉抬到較高位置時，主力往往開始拋售，但散戶卻認為時機來臨，極欲乘勝追擊；當抵達峰頂時，放眼望去只剩自己形單影隻，其他人早已另外擇地紮營。

那在詭譎多變的股市交易中，要如何殺出重圍呢？聰明的投資者往往會在大家驚慌失措地拋售股票時，大量買進，因為這時正是投資績優、低價公司的最佳時機。所以，你要能抵擋住親朋好友、股市名嘴的遊說，保持冷靜，搞清楚思考模式，懂得善用逆反效應，不理會群眾的歇斯底里，固守自己的抉擇。

但這是件非常困難的事，第一，你必須跟自己的天性對抗。第二，當察覺投資環境樂觀時，你要勇於說「No」；反之，則要勇於說「Yes」。成功的投資者必須勇敢，在過度下跌時買進股票，而這才是考驗的開始，因為你必須要有強悍的毅力，堅持將股票多留在手上一段時間，等市場行情真正大起時再鬆手釋出。

華倫‧巴菲特（Warren Buffett）的投資信念就是「在別人貪婪時恐懼，在別人恐懼時貪婪」，由於他擅長運用逆反效應，捕捉事物的本質，因而得以成功致富。環球投資之父約翰‧坦伯頓（John Templeton）也說：「在別人消極拋售時買進，並在別人積極買入時賣出，這需要極大的堅強意志，也因此能獲取最高報酬。」亦即當別

人瘋狂時你悲觀，別人悲觀時你瘋狂，此即著名的「危機入市」一說。

但成功的投資過程絕非全採用逆向操作，若處於長期的上升或下跌階段還是要靠順向操作。逆向操作只有在某個轉捩點才會發揮最大功效，這個關鍵點是每隔幾年會出現的退場點、進場點，就像《易經》中的八卦圖從黑轉白、從白轉黑時，所出現的兩個轉折點。我主講的〈真永是真〉中，就會分析如何看出拐點（反曲點）的到來！

「逆反效應」利用對方的弱點、我方的劣勢或在惡劣的環境條件下創造勝利，想要逆轉得勝，先要具備掌握時代大趨勢的原則。聯邦快遞創辦人弗雷德・史密斯（Frederick W. Smith）剛開始創業時，有人嘲笑他：「如果空運快遞的生意可以做，一般的航空業者早做了，哪還輪得到你！」但弗雷德始終相信在講求效率的時代，「隔夜送達」必然有可觀的市場需求，且他配送模式也與一般航空公司不同，所以他不屈服於旁人的嘲諷，在逆勢操作下，果然開啟新灘地。

而逆向操作據研究發現，若能在日常生活中注意以下三點，對提升逆反思維能力會有莫大的助益。

1 逆正常思維

所謂的正常思維，就是我們常接觸到的思考模式，但如果我們能將這些想法倒轉，可能會帶來另一種刺激。有位裁縫師不小心將一件裙子燒破一個洞，裙子的價值頓時消失，一般人會懊惱地埋怨自己，但這位裁縫師突發奇想，在小洞的周圍又剪了許多小洞，並飾以金邊，取名「金邊鳳尾裙」，後來一傳十，十傳百，鳳尾裙銷路大開，裁縫師將缺點轉為優點，創造出驚人的經濟效益。

2 逆一般思維

這是指與大眾日常認知有別的特殊思維方式。業者一般以「多數本位」來分析大眾市場，但具有「逆一般思維」的業者，則開發出「少數本位」專攻分眾與小眾市場，

例如允許寵物進入家庭寵物餐廳；規定使用右手者，不得進入左撇子的商店等。

義大利商人菲爾‧勞倫斯創造的「限客進店」，便是採取這種方法，只允許 7 歲兒童入店消費，若成年人想進店消費，必須有 7 歲兒童作伴，否則謝絕入內。其他像是不准青壯年進入的老年商店、非孕婦不許進入的孕婦商店……等，也都算限客進店。

連鎖賣場 Costco 也是逆一般思維的成功實例，它有別於一般大賣場，若想進入消費，消費者必須申辦會員卡，繳納 1,200 元年費後，才能入場消費。但即便規定如此，它依舊門庭若市，因為好市多內的商品確實比其他賣場便宜，且商品種類多樣、琳琅滿目，使他們超越其他量販賣場。

3 逆流行思維

不追逐潮流，亦即所謂「爆冷門」的創新思維。就一般大眾的消費習性而言，某種物品價格上升，則需求減少；但具有逆流行思維的人，會隨著商品價格的上升，增加此商品的消費，以顯示自己不同於一般的社會大眾，即經濟學中的「炫耀性消費」。社會學大師皮耶‧布迪厄（Pierre Bourdieu），指出各階層會透過食衣住行、消費習慣、休閒活動與生活型態等方面發展出的不同習慣、愛好，進而創造出差異性。

例如款式、材質差不多的皮鞋，在百貨公司的售價比普通鞋店貴數倍以上，但還是有人願意買單，探究其原因，消費者之所以購買，並非是為了獲得物質享受，有更大的因素是追求品味與心靈上的滿足，也因此有店家採用逆向操作方式來提高售價，營造出商品獨樹一格的名貴形象，從而加強消費者對商品的好感。

這種反其道而行的做法，應用在生活上確實衝擊力十足，當人們對常規性的方法習以為常，甚至對接收過多的訊息感到不耐煩時，適時應用逆反戰術，刻意「隱善揚惡」往往會產生「於無聲處聽驚雷」的效果。

美國墨西哥州高原地區有一座蘋果園，素以盛產高品質的蘋果聞名，但有一年下了一場大冰雹，嚴重損害蘋果外觀，若沒有妥善處理，將造成果園龐大的損失。園主苦思後，索性照實說明蘋果帶傷是遭受冰雹所害，而這恰好證明水果是由原產地直輸，轉劣為優，贏得顧客廣泛認同，不但解決滯銷之虞，還熱銷大賣。

那還可以如何善用逆反效應，殺出一片重圍呢？近年來，市場狀況是很多行業呈現負成長，臺灣每年倒閉的店面難以計數，但麵包市場卻有一間法國百年麵包店「Paul」反其道而行，不改其高價的奢華模式，店面裝潢華麗不說，其原物料成本更是令人不敢恭維，強調將法式庶民文化原汁原味空運來臺，且每位店員都要經過嚴格的訓練，必須學會簡單的法語溝通，對法國的歷史、地理也要嫻熟，忠實打造當地的用餐風情。即使一塊法藍夢麵包要價 600 元，平均消費價位皆在 400 元至 500 元之間，店內的買氣依舊驚人，破除不景氣的獨立麵包店之市場。

新光人壽初創時也打破一般業界作法，讓業績長紅。當時因為沒有知名度，保單相當難推動，且草創階段資金短缺，沒有多餘預算在電視上投放廣告。時任經理的吳家錄便想出一招，每天晚上都到各家賣座好的電影院去發「尋人啟事」，透過銀幕播映尋人啟事「找新光人壽的某人」，讓越來越多人知道新光人壽的存在。漸漸地，新光人壽在台灣城鄉傳開，保險人數也多了起來。

打破常規、逆向操作是解決問題的「絕招」，但它也是一把雙面刃，運用得當，將發揮強大的威力；如果不分時機的胡亂運用，其結果將敗得一塌糊塗。以下提供創業者幾個運用反向操作，化危機為轉機的方法。

1 反向操作

從已知事物的功能、結構、因果等關係，來進行反向思考與操作。比如，壽險過往都是投保人於生前定期繳費，待去世後才由受益人領錢；但日本一間保險公司卻逆向思考出「自己才是受益人」的年金保險制度，活得越久，領得越多，去世後反而領不到錢！這種針對壽險弱點所推出的產品，深受投保人的歡迎，讓該公司的保險業務大幅成長。

2 變相操作

在面臨問題時，若想不出解決方法，試著換個角度思考，也許就能產生全新的發

現。曾被村民戲稱為「瘋子狂想家」的中國發明家蘇衛星，研發出「兩向旋轉發電機」，獲得聯合國組織的讚譽。翻閱國內外的科技文獻記載，一般的發電機都是由可旋轉的「轉子」及固定不動的「定子」所組成，但蘇衛星卻透過變相操作，讓「定子」也跟著旋轉起來，使他研發出的發電機發電效率，比普通發電機高出四倍之多。

3 缺點操作

將事物的缺點轉變為優點，化不利為有利的解決方式，這種方法不以克服事物的缺點為目的，相反地，它將缺點化弊為利，找到處理辦法。例如，當弧光焊接的放電頻率超過五萬赫茲時，會發出「嘰」的聲音，一般人都認為它是一種雜音，但日本三菱重工弧光音響的研發團隊卻不這麼認為：「既然一定會發出聲音，那這個聲音能不能聽起來更悅耳呢？」就是這個針對缺點的想法，使三菱開發出「弧光音響」，在百貨公司的聖誕特展中大放異彩。

逆向思考與反向操作均需要有過人的膽識與勇氣，才能出奇致勝，獲得成功，所以，你不妨也在生活中翻轉創意，或許真的能因此發現另一片藍天！同樣地，當我們身處人生低點時，千萬不要氣餒、喪志，只要懂得善用逆反效應，將弱點轉為優勢，就能成為你邁向最高點的發軔！

現今是知識經濟的時代，科技日新月益，各家企業都強調「創新」，希望能在市場上獲取一席之地，因為只要有一項新產品的發表或一項新服務的出現，舊產品不用多久就會被淘汰出局，所以對於剛起步、想創業的你，在現今的競爭環境中，創新更顯得格外重要，那什麼才叫做「創新或創意」呢？逆向思考或跳出框架的能力是否也算是呢？

以藍海市場來說，邊界並不存在，思維方式亦不會受到既有市場結構的限制，在藍海，一定會有尚未開發的需求，重點在於如何發現。所以，不管是從供給轉向需求，還是從競爭轉向發現新需求的價值，只要能讓價值創新，就是藍海的生存原則；因此，唯有不斷積極創造，從藍海中再開創新的灘地，即創造新需求和新市場，才能永立於不敗之地。

Chapter 4

零資金，
也可以馬上開始

以最無痛的方式，開創最大志業，
讓你成為 2% 的創業存活者！

- 創業資金何處來？

- 靠群眾幫你籌錢、籌夢想

- 創業最重要的本錢──人脈

創業資金何處來？

之前，我曾與我們公司合作多年的印刷廠老闆娘聊天，與她分享我計畫跟其他作者共同出版一本創業、成功致富的書，她聽到後表示非常感興趣。我聽她這麼說，心裡也很高興，洋洋灑灑地跟她說了好多想法，那本書絕對能使創業者徹底發揮創意和熱情，找到最穩健的商業模式，讓他們的產品確實銷售出去，獲得廣大的收益……等，說了好多。

老闆娘聽完我說的這些後，回了句自己的想法：「創業喔，那要有錢啊！」對啊！創業，要有錢！對任何公司來說，尤其是初創公司，資金絕對是最重要的，你甚至可以說：「若沒有足夠的資金，公司可能就撐不下去。」

而想「創業」的人，大多不是富二代，創業資金必須想辦法籌出來。但沒有富爸爸，不代表創業起步一定比別人慢，歷史上就有很多「動腦」籌資，成為巨富的人！這絕不是我信口胡說，絕對禁得起考證，我來跟各位說個例子吧。

在中國航運史上，就有一位靠「借錢買船」起家的大老闆，他是環球航運集團的創始人，世界八大船王之一的包玉剛。包玉剛創業之初，向朋友借了一筆錢，用那筆錢買了一艘又破又小，但還可以行駛的船。稍微整修後，便將這條船作為他的「生財工具」，但他不是直接投入航運事業，而是拿這艘船向銀行抵押貸款！貸款成功後，他又去買第二艘船，然後再去抵押，買第三艘船，用「抵押貸款」的辦法，慢慢地將事業發展起來。

他甚至還曾兩手空空到銀行，讓銀行替他買了一艘嶄新的輪船，商業手腕著實令

人佩服，你知道他是怎麼做到的嗎？

包玉剛跟信貸部經理說：「經理，我在日本訂購了一艘新船，價格為100萬元港幣，但我同時也在日本與一間海運公司簽訂了一份租船協議，每年租金75萬元港幣，所以不知道貴行能不能支持我一下，貸款給我呢？」

信貸部經理聽了覺得辦法可行，但借貸必須要有擔保。包玉剛說：「好，那我用『信用狀』來做擔保。」信用狀就是海運公司請銀行開出的信用證明，方便公司在生意上使用，而這間貨運公司的信用紀錄良好，如果包玉剛日後賴帳或無能力償還，銀行可直接找海運公司，要求由他們清償債務。因此，船還沒造好，銀行就借了一大筆錢給他。

若將創業比喻為開車，資金就如同汽油對汽車一般重要，資金是「持續的能量來源」，支撐著企業的整體營運，但這卻是大部分創業者都缺乏的關鍵要素。所以，我想跟各位創業者們探討如何籌措創業資金。絕大多數的創業主，初期的資金來源不乏是來自「三F」：家人（Family）、朋友（Friends）、傻瓜（Fool）。從熟人那獲得金援的門檻較低，且更快、更容易些，他們不像銀行、創投，會要求你提出複雜的創業計畫書或財務證明；但親近的人也不是你專屬的信用卡、ATM，沒有人會為了別人的發財夢，而不求回報地甘願投資。

有些甚至會「靠勢」平時關係良好，認為大夥兒都是好哥兒們、好姊妹，沒有用白紙黑字寫清楚，導致後續爭議一堆，因而與親人、朋友之間撕破臉，毀了親情和友情。

只要你仔細想想，其實還是有諸多管道，可以幫你籌創業基金，但礙於每個人處境不同、際遇和能力也不同，所以你必須考慮其中可能的風險和利息成本……仔細比較後再做抉擇。下面跟各位創業者討論一些籌資的管道。

1 說服家人或朋友投資

向家人和朋友借錢是我們最直接的反應，也是調度應急最快、成本最低的辦法。

但這個方式其實是一把雙面刃，運用得當就是一個雙贏的模式，因為利息通常比銀行的借款利率還低，甚至不用利息；可是如果運用失當，則可能人財兩失，不僅產生金錢糾紛，彼此的關係也因此打壞。在現今如此低迷的經濟環境，銀行的貸款利率實在是不太友善，若有家人或朋友可以援助，這不失為籌資的第一首選，但記得把金錢關係處理好。

2 標會創業

有人說：「標會，就是標一個機會！」這個方法比較傳統，曾在 1970 至 1980 年間盛極一時，當時民營的銀行還很少，幾乎全是公營行庫，信用審核條件嚴苛，就算有房產做擔保，還是難如登天。因而讓講信用的標會誕生，成為民間一種小額信用貸款的管道。

現今，標會雖已退流行，年輕人普遍認為不安全，甚至不知道這如何運作，但在老一輩的人和團體間，仍有一定的影響力。唯一要注意的是，標會並無法律保障、風險較大，要多加小心、注意，標會人數建議不要太多，會期也不要太長，不要亂換會，更不要同時標好幾個會，以「會養會」的方式，為了搶標而一直加碼，甚至超過銀行貸款利率，那可就得不償失了。

3 青年創業貸款

創業籌措資金，若將自有資金和親朋好友借貸排除在外，政府也有提供青年創業貸款，不僅較容易取得高成數貸款，利息也低、壓力較小，所以創業者可以將政府提供的青創貸款，列入籌措創業資金的首選，經濟部中小企業處網站上都查得到相關資訊。

4 壽險保單貸款

保單所有者以保單作抵押，向保險公司申辦貸款。這類型的貸款利率約在 7 ～ 8％左右，比銀行貸款的利率低，且無借貸期限，本金可至期滿或理賠時才扣除。現在

也有許多銀行或壽險公司提供便利的 ATM 借款，只要完成首次申請，就可以到各地 ATM 辦理，相當方便。

5 二胎房貸

利用房屋的殘值來抵押，再申請一次貸款，只要原房貸額度沒有過高，按時繳交款項，沒有異常紀錄，就可在不重新鑑價的狀況下，申請二胎房貸，銀行會給予房價10～20％的額度。跟目前房貸利率相比，二胎的房貸利率較高，但比信用貸款的循環利息低。

以上五種方式，是絕大多數創業主（尤其是初次創業）的籌資方式，但上述這些辦法最大的缺點，不是不得其門而入，就是利率、風險太高；且就算手邊有點資產，能使用信用貸款或預借現金，也必須承擔極高的風險，若再考慮「機會成本」這一因素，絕對是怎樣都划不來。所以，除了基本的借貸途徑外，你不妨試著在「網路」上找管道！

勇於向創投提案

鴻海集團董事長郭台銘、經營之神王永慶都是台灣創業傳奇人物，創業往往就是這麼一回事，你有個夢想或基於某個理由，讓你想開創自己的事業，完成自身夢想。因此，我相信致力於創業的你，為了讓自己的事業能與環伺的強者鼎足而立，肯定會想辦法尋求外界的幫助與金援，但不曉得你是否知道也能用創投（Venture Capital，創業投資）來募集資金呢？

創投除了資金上的援助外，還能在你創業的過程中，扮演經營合夥人的角色，協助業務的推展或產品研發等，讓

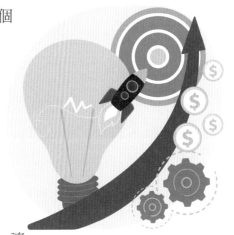

新創事業發展、壯大。和創投合作其實有許多好處，但要從何著手，如何和創投來往呢？擬定詳細並具說服力的計畫書，是吸引投資人的關鍵之一，除此之外，創業計畫書還有更重要的實質意義……就是讓創業者在撰寫的過程中，思考並陳述事業體應有的業務範疇，並審視各個環節是否有不足及待改進之處。

創業計畫書對創業者來說，不僅是一份自我體檢表，更是一份毛遂自薦的企業履歷表。想當年，我的出版集團還是一家委身於華文出版市場一隅的出版社時，就曾向創投提過案，憑著一紙「創業計畫書」，贏得當年以華彩為首的各大公司資金的挹注，才得以迅速擴張為橫跨兩岸的出版集團。所以，我現在就來與各位分享自己創業的成功經驗，讓有志於創業的讀者少走些冤枉路。

資金對新創事業來說，絕對是最必要的資源，沒有資金就別談創業。但創投跟銀行貸款一樣，並不是申請就能得到支持，向創投提案時，你必須先確定自己企業的發展狀況，確認各種資金來源的可能性，因為對創投主來說，他們首要考量的是市場潛力、團隊執行及應變能力、財務規劃……等，甚至連出場時間和各種風險都會事先考慮周全，所以本身創業資金較少的小企業，基本上會直接被創投公司剔除。

創投其實是一種基金管理行為，他們購買新創公司的股份，然後自行決定時機點將股份賣掉，從中賺取利潤；因此，如果你的事業剛起步，那我會建議你前期需要用到的資金，優先向政府申請創業基金，或經由區域性的天使投資人等管道來募集。但這並不是指公司一定要上市，才能尋求創投的協助，只要你有需求，並謹慎評估時機

點，找到適合的創投提案，就有機會獲得資金挹注。

創業也需要多元化的人脈網絡，你可以多參加與創業有關的活動「亞洲八大名師」、「世界八大明師」……透過這些場合來認識創投。建議創業主參加這種社交活

動時，不要急著推銷自己的事業，要懂得先從交朋友開始，等雙方認識、熟稔後，再進一步了解對方的興趣及投資意願，不然很容易一開始就被拒絕，讓真正有發展潛力的企業被埋沒。另外，你可以上網搜尋「中華民國創業投資商業同業公會」，也有機會找到適合你的創投業者。

且有些創業家會把創業計畫書寄給認識或不認識的各家創投，他們這種心態我能理解，無非是想增加募資機會，但創投圈子其實不大，亂投計畫書只會讓他們覺得你這案子乏人問津，所以才會各家都嘗試，使他們產生先入為主的負面評價。

每家創投的投資偏好和標準都不一樣，因此，在寄出計畫書前務必做好功課，先了解各家創投過去的投資歷史、投資要求、合夥人背景、產業人脈、退場機制……等，針對蒐集的資訊來「客製化」，撰寫出創業計畫書。

另外，找創投時，千萬不要犯初次募資者會犯的錯誤，大部分的募資者認為，找創投的目的就是要拿到他們的資金，不管跟什麼公司拿都一樣，只要能籌到錢就好，把創投視為 ATM。跟「誰」籌資其實是個關鍵，因為從你跟創投拿錢那天開始，這家創投便成為你的股東了，每間創投的行事風格與管理模式迥異，投資後自然也會想涉入公司的營運；所以，為避免合作後爭議不斷，鬧得彼此不開心，提案前務必先了解情況。

而創業募資找創投，免不了要跟金主們見面，簡報、闡述創業構想及未來發展，因此，你要讓他們覺得你有豐富的經驗及信心，投入資金絕對會有所回報。下面跟各位分享能讓提案升級的秘密四招。

1 你的報告必須簡潔有力

無論你的「創業計畫書」規劃得多麼漂亮、完美，正式提案當天，請丟掉那本厚厚的創業計畫書，投資人請你來提報，就是不想自行審閱那密密麻麻的文字，他想直接聽重點！且投資人的耐心和注意力，大概都只有五分鐘而已，如果你不能在前五分鐘就引起他的興趣，那我只能跟你說：「不好意思，謝謝再聯絡。」

所以，你一開始就要進行「整體行銷」，掌握住對方的注意力，讓他們的目光投射在你身上，再一步步將對方引導到你的思維模式上。

你的簡報開頭只需要一個鮮明的公司 Logo，讓他們的腦中沒有其他雜質，把注意力全都放在你跟公司上，簡報中也別放過多的文字，那樣只會分散觀眾的注意力。

提案時，建議以四個核心概念來介紹：問題、市場、可能的解答、團隊，快速地講述公司業務範疇，讓對方能抓住其中重點及脈絡，清楚了解公司的主體架構和營運模式。

另外，既然你在籌錢，對方自然會關切公司的財務概況，所以你要準備好財務報表，並讓對方知道，在未來幾年內的投資報酬整體藍圖為何。不論你在何種領域，都要先想好投資人可能會問的問題是什麼，然後用短短一頁來加強說明，例如：你是在解決實際問題嗎？你的公司有何特別之處？為什麼非你不可？你的公司究竟是想不斷成長，還是想增資、擴張後待價而沽呢？

你要用面試工作的態度去提案，戰戰兢兢但完美表現自己，在短時間說出一個吸引人的故事大綱，讓他們願意掏錢、錄取你！

2 整場報告要流暢

向創投的提報要有邏輯進程，你必須要讓對方知道預計的執行過程及結果，先從市場狀況來開頭、分析，再提出你的產品勝出或應用的實質面在哪裡，而不是老王賣瓜，不斷吹捧自己的東西好，但其實根本不符合市場需求，呈現滯銷的狀態，都快倒閉了才來找資金。

如果你的產品尚未進入市場，那提報前，你可以進行一次市場調查，讓你的產品與服務和現實對接，用實證來證明你並非空口說白話。

此外，為了讓整場提報順暢，你要避免會減低對方興趣的可能因素，且任何需要動腦思考或不易搞懂的內容也要避免，那只會讓你提案的連貫性中斷。為什麼？因為你不能將對方假設為該領域的專家，所以報告時不僅要有邏輯性，還要盡可能簡化說明，刪掉艱澀的專有名詞，避

免他們聽不懂而產生誤解，最後拒絕投資。若他們有一定的專業背景，便會自行發問。

提案除了內容是重點外，還有以下四個小技巧，能讓你的簡報更加順暢。

- 千萬不要對著螢幕說話，你的眼神要和聽眾有互動。
- 使用簡報筆操作，整個過程會較為流暢。
- 不要照本宣科，看著簡報念稿，這樣現場報告的意義便沒了。
- 你現場補充的資料要跟口頭報告的內容有所不同。

3 魔鬼藏在細節裡

提報時，功課要做足，演戲要演全套，你要讓對方相信你的能力，就必須在這場提報中盡善盡美，做到「零失誤」。總不能你的提報牛頭不對馬嘴，東一個錯字、西一個缺漏，卻還要對方相信你的公司能做到市場第一！所以，你的報告絕不能出現一些細微但嚴重的過失。

- 要特別注意錯字，如果有放上英文，應檢查是否為慣用法，避免出現「中式英文」（Chinglish）。
- 不能前後矛盾，比如說這一頁提到三年後的獲利為 150％，但之後卻說 200％。
- 要注意簡報畫面一切元素的正確性，避免出現不該出現的資料或圖片、超連結錯誤等。

上述這些雖然看起來都不是什麼大問題，可只要被加以指正，就會讓聽眾覺得你連報告都做不好，產生無法經營好一間公司的負面想法，因此切記、切忌！

4 「將心比心」的溝通心法

任何事情，只需要溝通，就一定要做到「將心比心」。創業就是解決問題、創造價值，所以面對客戶時，你要透過產品的介紹或服務，來改善、改變他們的生活；但

如果站在投資者的角度，產品的應用固然很重要，可你有想過這可能不是創投主關心的重點嗎？

　　將心比心的基礎思維就是，你要仔細留意你現在互動的受眾是誰，若對方是你的投資人，一開始就要做好通盤思考。創業主常會陷入一個迷思，不斷告訴創投自己是成長型企業，產品市場一切看好，期待有人投資他們，絲毫沒有站在投資者的角度思考，殊不知投資者想知道的其實是你的「商業模式」，而非你的產品或服務有多完善，他們看重的是公司營運的實質面。

　　創投公司的首要目標就是在有限時間內取得良好的收益，然後光榮退場，這一點說起來簡單，實際執行卻並非盡如人意，往往無法漂亮退場。我常說，一旦籌資成功，創業主與創投的關係就像「一場婚姻」，創業主如果資金用盡、燒光認賠還好了事，畢竟可以解散清算，就此畫下停損點，只要把離婚協議書一簽，不用再花人力、物力、心力；所以，半死不活、有營收沒獲利的情況最可怕。

　　因此，創投在評估一間新創公司時，除了公司的本質外，他們滿腦子想的其實都是：「我如果投資這間公司，要怎樣才能出場？出場賠率或勝率大概多少？我什麼時候有機會出場？」出場機會是創投最重要的評估指標。

　　但絕不能因為對方想聽，就將數據過度美化、吹噓膨脹，一定要據實以報，才能找到真正適合自己的創投。之前就曾有一個案例，他在提報時，劈頭就說：「我的公司沒辦法在五年內賺錢！」確認對方能接受這樣的時程，才開始講後續的計畫，但也真的讓他找到、創業生涯中真正合適的投資主。

　　與其之後因為無法達到預期計畫而鬧翻，倒不如先把前提說清楚，若能接受再一起合作。所以，你若想創業，請先寫一份企劃書，這份企劃書除了自己看之外，還要給別人看。我在 1999 年曾寫過一份創業企劃書，於 2000 年投到幾家創投公司，因而募集到非常多資金，所以我從那之後就不再缺錢了。

　　同樣的，馬雲在認識日本軟體銀行的老闆孫正義後，也不再缺錢了。孫正義和馬

雲僅談了五分鐘，馬上就開了四千萬美金的支票給馬雲，但馬雲卻不要，他說：「我只需要三百萬美金。」最後雙方以二千萬美金定案。

馬雲為什麼不要過多的錢？因為這筆錢並不是送給馬雲的，而是要占有股份的，當時馬雲公司的市場價值只有一千萬美金，如果拿了人家四千萬，那不就代表孫正義占了 80％的股權，整間公司都是孫正義的嗎？馬雲當然不要。

最後他們達成兩點協議：第一、公司的估值為二千萬美金，孫正義的股權占 50％；第二、孫正

義不能以股權優勢來干涉公司決策，公司對他唯一的承諾便是不做假帳。在絕不做假帳的前提下，馬雲擁有最高決策權，孫正義必須無條件接受所有營運決策，後來，阿里巴巴不斷增資，但孫正義仍占有 20%的股權，想必有很多人並不清楚，阿里巴巴這個大企業最大的股東是日本人吧！

我為什麼要說這個故事？因為當你成功創業後，將來一定會有創投主動來找你，這時你就可以把「馬雲條款」拿出來，把公司的估值提高。創投所占的股權雖大，但不能干涉你的決策權，可你得保證不會做假帳，一切帳務都需經由會計師查核，這就是創投界眾所周知的「馬雲條款」。

舉一個反例，你知道博客來網路書店的創辦人張天立嗎？他原本是電子商務工程師，曾參與 Amazon 網站的建置工作；但當他看到創始人傑夫‧貝佐斯（Jeff Bezos）所做的 Amazon 後立刻辭職，買了機票，帶著所有積蓄回到台灣，創立博客來網路書店。

可是博客來網路書店創立的時間點（1996 年創辦）不是那麼好，因為 2000 年全球發生了一件大事，那就是網路事業泡沫化，以網路股為主的那斯達克指數從五千多點跌到一千多點。而我的創業企劃書就是在 1999 年寫的，內容是說「希望能將所有

的出版品全部電子化，未來一切都網路化、電子化」，這就是互聯網＋或＋互聯網的概念，可是礙於網路泡沫，所以在 2000 年上半年的時候，有許多創投說要投資我，但都被我婉拒了。

總之，當創投拿錢投資你的時候，儘管當下你可能急用錢，但也一定要跟他協議好，免得步上張天立的悲劇；博客來在 2000 年時，公司財務出了問題，錢燒光了，於是找到統一集團增資入股，他們同意增資的前提是要占有 50.25％的股權，張天立說：「不行，只能占 49.9％。」聽到這，統一就不投資了，後來張天立迫於現實，同意讓統一集團占有 50.25％的股權，自己的股權不到 50％。

而統一入股後，雙方在經營上持以不同的意見，只好以最大股東權益來表決，在商場上，誰的股權大，誰就是老大，於是原創辦人張天立被開除了，他雖然生氣，但又無可奈何，所以又創立了「TAAZE 讀冊生活」。

在 2000 年後，台灣還有一間排名第二的網路書店「新絲路網路書店」，它當時也同樣出現財務危機，我便趁勢以幾百萬台幣買下「新絲路網路書店」，新絲路創立時投資了二億元，但我僅以幾百萬收購，還記得那時新絲路原本的大股東激動地問我：「有沒有搞錯？」

所以，創業不一定都要靠借貸的方式來籌措資金，下一章節我就來為各位創業主們介紹最偉大的商業模式——眾籌，讓創業者都有圓夢的機會！

靠群眾幫你籌錢、籌夢想

現今是一個「人人皆媒體」的年代,社群媒體的興起,讓每個人都有發聲的機會,以前的媒體注重傳播、內容控制;現在的社群媒體則是分散、去中心化,可以仰賴無遠弗屆的網際網路,利用網站平台所帶來的募資功能,讓創業者無需衝到第一線,就能和潛在的投資者、消費者面對面,傳遞一切想表達的訊息,可說是創業另一條康莊大道,甚至形成一股自媒體風潮。

許多人都有過利用創業來實現夢想、改變世界的想法,但要把腦海中的構想化為現實,不論是創新的專利研發或開間個性咖啡店,還是想拍攝一部動人的原創電影,都需要一筆可觀的資金。

但這樣的夢想,你覺得一定要先砸錢才能達成嗎?當然不是,這已經是舊石器時代的思維了!現在,創業者可以藉由眾籌的概念創業,用別人口袋裡的錢,幫自己達成夢想,集結眾多網友的小額資金,為自己募集實踐夢想的創業基金。

應該有很多讀者都有聽過眾籌,透過網路平台,讓創意發想者能展示、宣傳計畫內容、原生設計與創意的作品,向廣大網友介紹這個作品、構想的計畫,讓網友去評估、掏錢贊助,只要在限定時間募到目標金額,提案者就能拿著這筆錢達成夢想。

現代化的網路平台連結起支持者與提案者雙方,讓願意支持計畫的投資者最大化,將募資的觸角無遠弗屆,目前眾籌可概括分為以下四種。

1 股權式眾籌

最主要的眾籌類向是「股權式眾籌」,股權式眾籌指的是投資人透過網路,對提

案進行投資，獲得一定比例的股權，即投資人出錢，發起人讓出一定的股權，而投資人經由出資，來入股公司，在未來獲得收益。

像鴻海集團的創辦人郭台銘身價逾 70 億美元，但他真有這麼多存款嗎？當然沒有。郭台銘的身價之所以高，是因為他創辦鴻海科技集團，擁有一定比例的鴻海股票，而那些股票的市值，便成為外界對他身價估算的依據，因為股票市場會將未來所有收入都「貼現」。

2　債權式眾籌

債權式眾籌是透過網路，投資人和籌資人雙方按照一定利率和必須歸還本金等條件，出借資金的一種信用活動形式。債權式眾籌通常是籌資人在網路上尋找投資人，也就是投資人是貸款人，籌資人是借款人，雙方約定借款種類、幣別、用途、數額、利率、期限、還款方式、違約責任……等內容，並承諾給予投資人高報酬，對雙方其實都有風險。

舉例，假設我想開一間公司，需要 100 萬元的資金，我將創業計畫書寫得洋洋灑灑，把公司說得天花亂墜，再把資金設定為 10,000 元為一個單位，所以我只要找到一百個人願意借錢給我，那公司就可以順利成立。而且，我向這一百人保證，三年後若事業成功了，我將返還每人 15,000 元，這就是債權式眾籌。這種眾籌方式若想成功，關鍵在於風險控管能力，但風險根本無法控管阿，所以我個人相當不建議你使用此種眾籌法。

3　回報式眾籌

回報式眾籌指透過網路，投資人在前期對提案或公司進行投資，以獲得產品或服務作為回外，即我給你錢，你回報我產品或服務；這是目前最主流的眾籌模式。

例如我想出一本書，那我可以在網路放上書的企劃案，說明整本書的整體架構及內容，只要你願意贊助 500 元，出版後，我就寄兩本新書給你，如果你捐 1,000 元，那我就寄五本書給你，將募資條件完整條列出來，等網友響應，過了資金門檻後，我

就能順利將書出版，且我還可以再問這些贊助人是否願意參加我的新書發表會，替我的新書造勢，一舉多得。

4 捐贈式眾籌

捐贈式眾籌指得是透過網路，投資人對提案進行無償捐贈，不求任何回報，也就是投資人提供募資人金錢，但募資人什麼都不用給投資人。捐贈式眾籌講白點就是在做公益，透過眾籌平台來募集善款，這類的眾籌方式，多帶有公益色彩，適用於公益活動。

像我之前有出一本書《微小中的巨大》，書裡提到徐超斌醫師，這名醫師十分偉大，怎麼說呢？南迴公路（台東、屏東）的車禍死亡率甚高，被當地人稱可怕的死亡公路，長達一百公里，卻沒有任何一間醫療院所，於是，徐醫師號召募款，打算蓋一座南迴醫院，讓當地的醫療狀況能夠改善，積極奔走，尋求各方捐款贊助，而我被這項募款深深感動、捐款，這就是不求回報的捐贈式眾籌。

南迴公路現已分段拓寬、取直，安全性相對提升，但當地醫療資源仍不足，期望南迴改能帶動東部發展，包括改善醫療缺口、提升區域運輸品質，南迴醫院也會在徐醫師的努力下，持續推動建成。

魔法講盟也有設立捐贈式眾籌平台——5050 魔法眾籌。所有籌資者都必須要有一個項目，透過 5050 魔法眾籌平台的發布，讓你能在很短的時間內集資，藉由魔法

講盟最強的行銷體系、出版體系、雜誌進行曝光，配合線上與線下、實體與網路讓籌資者看到實際宣傳的時機與時效，快速完成你的理想、夢想甚至期望！

眾籌平台能達到的，不僅限於我們的創意，更能完成我們心中那小小的夢想。曾有人因為憧憬能成為拯救世界的超級英雄，以回收鋁罐、漆包線等五金材料，打造一款仿鋼鐵人的「超能心臟」為號召，獲得廣大迴響，有近二百人贊助，成功募得 12 萬元，是原先訂定目標金額的四倍，連計畫發起人自己都嚇了一跳！且眾籌並非年輕人的專利，老少咸宜，只要你能找到與你「心有戚戚焉」的同好，就能集資成功。

銘傳大學中文系教授徐福全已年逾 60 歲，但他仍透過線上募資平台，完成自己的願望。他專精於台灣禮俗文化研究，畢生心願就是將錯誤百出的《家禮大成》加以修正，讓後世能正確使用婚喪喜慶禮俗。徐教授的計畫讓網友大大感動，短短三天就募到目標金額，共有一百五十位網友支持，幫助他完成夢想！

眾籌平台也為創業者提供了一個絕佳的「試水溫」平台，將企劃案公開給網友（投資者）瀏覽的同時，等於是將未上市的產品丟給消費者審視，可以藉此測試市場對該產品或服務的反應，以及它受歡迎的程度，檢驗你的創意是否可行。

所以，你的企劃案一定要有足夠的內容，來說服這些潛在消費者及投資人，下面就來跟各位分享眾籌有哪些是必要的。

1 規劃好你的募資進程

眾籌就像出版一本書一樣，有前置作業、編制期和上市期，你必須盡其所能的在專案推上募資平台前，籌備好你準備給大家看到的那一面，並預先規劃好一切可能發生的事情。

例如，事先計畫好所需的成本，撰寫文案、拍攝影片、繪製成品模擬圖……這都需要耗費相當的時間與金錢，如果你在成功獲得資金前就燒光「小朋友」，那一切努力也是枉然。

2 一定要製作專屬於你的影片

將創業構想推上平台前，你必須至少拍攝一部影片來說明你的點子，透過影音短片募資的成功率，是沒有影片的兩倍；因此，若沒有執行這步驟，集資的活動很難引起眾人的注目，相當容易失敗。且很多時候，募資之所以會失敗，並非是別人不認同

你的構想，而是他們對你的構想不夠了解，所以你必須在影片中，確實表達出你的創意、構想，並展現出你的技術和特色，讓他們認為這是一項具有前瞻性、值得嘗試的提案。

現在有許多創業者便是從拍攝影片或直播的方式來衝人氣、買氣，好比 Facebook 直播、TikTok 等，影片所能產生的效益，絕對超乎你的想像，魔法講盟也有開設相關影片行銷課程，有興趣者可以上網搜尋新絲路網路書店或掃描 QRcode，進一步了解更詳細的課程內容。

3 建構你的社群網路

在將專案推上募資平台的前半年，你應該在社群網站建立起你的網絡，而且與這項專案有關的任何網站都不能忽略。舉例來說，如果你要募資的專案是跟食品安全有

關的，那你就必須和食品製作的上中下游、相關廠商和民間團體成為好朋友，甚至是建立相關的媒體名單，向他們發布消息或新聞稿，這對你的提案會有很大的幫助。

另外，身邊的親朋好友也不能少，據研究顯示，有超過 30％的資金來自你前三層關係的社群網絡；若是和個人需求相關的眾籌企劃，比例甚至會超過 70％。

4 擊中要害，你要了解投資者心裡的「小聲音」

最成功的產品不一定來自最棒的創意，但它們有一個共通點，就是都能用一句話來概括描述。以 Twitter 發文來說，如果你可以用 140 字便將你的點子呈現給大家，那就成功了。

因此，若要成功募資，「易於理解」是最基本的要件。你必須設法讓你的想法被大眾記得，而簡潔有力的描述，將會是你在大眾腦中留下印象的最佳利器。若你做得成功、容易表達，大眾自然會幫你宣傳；相反的，若你的點子難以表達，那即便你的構想被觀眾接受，他們也難以幫你散布。

5 讓你的專案透明化

在撰寫專案時，你要詳細說明專案的各個面向，包含專案的時程、經費的使用流向、參與人員……等，而除了專案，觀眾也會對發起專案的「你」感到好奇，所以，介紹專案外，好好介紹自己也是有必要的。此外，為了讓對方支持你，你還必須訴諸「感性層次」，藉由一個好的故事讓觀眾感受到，你正在做的事很「不一樣」，並非所有人都能做到的。

6 投入、投入、再投入

千萬不要預期你提出專案後，錢就會不斷挹注進來。據調查顯示：成功募集超過一萬美元的案例，平均每天都必須投入近十個小時，而即使每天投入超過五小時，大多還是會淪為失敗案例。從這項數據中，我們可以想像，投入群眾募資將耗費你大部分的時間，因此事前的計畫和持續不斷地工作是必要的。

你可能會問，不是將專案放上平台後就開始「靜候佳音」了嗎？你和別人企劃案的勝敗關鍵，其實就在於你的一個觀念！專案曝光後，必須「時時更新」內容，更新即代表你要花費更多的心力，這樣才能讓知道這訊息的人持續收到通知，感受到你的誠意，尋求更多人的關注和支持，增加募資成功的可能性。

創業計畫書

　　若我們將創業比喻為一場充滿冒險與驚奇的尋寶歷險記，那「創業計畫書」就是關鍵的尋寶圖，只不過這張尋寶圖不只是展現夢想而已，還必須能讓你按圖索驥、實現夢想。更重要的是，這張藏寶圖的用處絕非敝帚自珍，你要主動讓它在大眾面前曝光，作為向外界籌資溝通的工具。幾乎所有的天使投資人與創投，他們都是在看到一份完整的執行計畫後，才會評估是否值得投資，因此不管向誰提案，創業計畫書都是必須事前準備的重要事項。

　　創業計畫書的本意，就是要讓創業主了解自己的創業是否可行，是否真的需要這筆錢，是否了解未來公司該如何運作；而撰寫創業計畫書的過程，正好能幫你好好檢視自己，幫助自己更明白事業該如何走。當然最重要的是能藉著這份計畫書，讓你推廣自己的公司、團隊與創新概念，以募得創業所需資金。

　　有大約 90% 的創業者在創業的過程中，沒有寫過任何一份計畫書，他們都憑著感覺創業，因為創業這檔事，真的會讓人千頭萬緒，尤其是像眾籌這種募資型態的商業計畫書。其實會產生這樣的情況是正常的，更何況初次創業的「首創族」，他們對公司定位尚未明確，但不管你是否想透過眾籌來募集資金，我都會建議創業主們生出一份「創業計畫書」。

　　因為在寫計畫書的過程中，你會深入研究該產業，獲取專業知識，且撰寫企劃書就如同在做一項完整的「產業分析」，可以讓你加速了解該產業消費者的習性，徹底了解市場的現況以及競爭對手的能力；如此一來，你便能充分了解自己的優劣勢為何，做出相對應的調整。

企劃書沒有一定的頁數，也沒有固定的格式，但有一些資訊必須提供給創投、天使投資人看到，方便他們做決定。有些創投公司每年所審的投資案多達數千件，直接把對方想看的資料寫清楚、一目了然，絕對是對彼此都有利的策略。如果你是沒有提案經驗的人，下面分享大致架構，能助你切中核心，精準回答投資者想知道的問題，多想、多動筆，保證讓你一回生、二回熟、三回成高手。

現在，我就來告訴你，一份好的企劃書該如何下手吧！

1 摘要

包含創業動機、計畫目標、公司團隊簡介等三個部分。在撰寫這個段落時，必須強調計畫的重要性，你可以在此簡述公司成立時間、形式、創辦人資料以及夥伴的學經歷與專長，因何種契機或發展可能性讓你想創業。

2 產品或服務介紹

接著要正式介紹端出來的「菜」是什麼，說明你的產品或服務在市場上的定位，並詳細敘述產品或服務的內容。以內容介紹來說，你可以參考下列幾點來描述你的產品與服務。

- 產品的原生概念。
- 性能及特性。
- 產品附加價值、具有什麼核心競爭優勢。
- 產品的研究和開發過程。
- 發展新產品的計畫和成本分析。

另外，請務必附上產品原型與照片（或 3D 繪圖）。若你的產品已取得專利或建

立品牌，那一定要加以強調，且你的說明不僅要準確，更要通俗易懂，讓不是該領域的專業人員（投資者）也能清楚明白。

3 產業研究與市場分析

除介紹產品優點外，投資者重視的更是獲利效益及能否解決需求。首先，你必須分析這個領域的產業概況與背景，讓對方了解你對市場並非一無所知；其次，你需要分析你的目標對象、市場規模與趨勢，以及你的競爭優勢，然後再依此來預測市場占有率及銷售額。

除此之外，還可以在以下各項逐條分析。

📍 該產業發展程度如何？現在的發展動態如何？至少要讓募資平台及創投們覺得你的事業並非「夕陽產業」，不至於走入削價競爭的紅海戰爭中。

📍 創新和技術進步在該行業扮演著一個怎樣的角色？

📍 該產業的總銷售額有多少？總收入為多少？發展前景如何？

📍 是什麼因素決定著它的發展？

📍 競爭的本質是什麼？有哪些競爭者？將採取什麼樣的戰略因應？如果你的商品跟別家賣的一樣，那消費者又為什麼要跟你買呢？

📍 經濟發展對該產業的影響程度如何？政府是否有相關的輔導及政策推行？

📍 進入該產業的障礙是什麼（資本、技術、銷售通路或經濟規模……等）？你有什麼克服的方法？該產業典型的投資報酬率有多少？

📍 市場上有什麼功能相似的產品或服務？（好比電子郵件這種「非同業」就搶走郵局不少生意！）

在這個分析中，如果發現市場進入障礙高、替代產品少，則有利於創業主進入這個產業，反之，創業主就必須說明自己的技術、產品或服務，如何在激烈的競爭中存活下來；另外，創業主也應說明自己的事業如何在市場中占有一席之地。

　　而對這份專業的分析方法很多，像有些企業會採取最廣為人知的 SWOT 分析，找出公司的競爭優勢、劣勢、機會、威脅，以擬定經營策略。

　　你可能會想，這些比較、分析的東西，我連資料都沒辦法找到，怎麼可能寫得出來呢？別慌！其實以上資料，我們可以利用政府的出版品、大學論文、公會資訊……取得，其中就有很多現成的分析。如果想要有更深入的資訊，你還可以直接打電話到同業公司詢問，或問該產業的親朋好友，經過這樣的過程，相信你的創業之路不再是「摸著石頭過河」，通往成功的道路儼然成形！

4 行銷計畫

　　行銷計畫指的是你整體的行銷策略，通常你的產品賣得好或不好，並非完全取決於產品本身，更大的影響因素在於跟產品搭配的行銷計畫。通常會以行銷學上的 4P 著手：「產品（Product）」、「價格（Price）」、「促銷方式（Promotion）」及「通路（Place）」，藉由上述觀念，進行產品定價、未來的服務與品質保證、廣告與促銷方式、通路與產品的行銷。

5 管理團隊

　　你可以寫公司的組織系統、職掌、主要投資人、投資金額、比例及董監事與顧問。現代的公司組織已打破過去金字塔式或傳統式工作分類，所以可能出現扁平式組織、工作外包或分包等新的工作模式。

6 財務規劃與公司報酬計畫

包含成本控制、預計的損益表、預計資產負載表、預計的現金流量表、損益平衡圖表與計算。對這部分不熟悉的創業主可主動請教會計師，讓他們為公司做一次完整的財務健檢。

7 結論與期許

綜合前面的分析與計畫，說明你的事業整體競爭優勢為何，並指出整個經營計畫的利基所在。期許你的事業未來能藉由對方的投資之力，強調投資案可預期的遠大前景，這項投資能讓事業從良好到卓越，使彼此邁向雙贏的局面。

最後，也別忘了要在創業計畫書後面附上能證實前述各項計畫的資料、詳細製造流程與技術資訊。看到這，相信各位準創業者已對一份完整的創業計畫書有通盤的了解，但計畫書要獲得投資者的青睞，光是結構完整、內容精確還不夠，畢竟架構是死的，計畫書還要有魂才行！

📍 量身訂做，對審核者投其所好。
📍 切勿刻意隱瞞企業弱點。
📍 數字金額要合理。

創業是一種高風險的挑戰，如果沒有任何依循方向，很容易在市場濁流中迷失，所以創業計畫書扮演的正是指引創業者的明燈。創業，絕非是募到資金後就可以束之高閣，創業初期的構想只是一個開始，好的創意也只是個產品開端，計畫書規劃得再完美，也只是執行前的假設。

唯有不斷檢視計畫書的構想，並跟著市場變化做出調整，適時添加新的元素或施以新的方針，才能在創業的道路上，釐清前進的每一步是否都駛於正軌，讓你的事業成長卓越、蓬勃發展。

💡 為何很多好的專案都募不到錢呢？

細數眾籌的種種優點聽起來很美好，完全顛覆傳統借貸的遊戲規則，但現實總是殘酷的，因為在眾籌平台提案，有規定募資期限，必須在限制的時間內募到目標款項才算成功。因此，為免於募款失敗，你千萬別犯了下面這樣的錯誤。

1 沒有告訴網友「為什麼」要投資你

創業者最常犯的毛病就是「直線式」思考，只專注於自己要做的事，但眾籌平台上的網友一般都是社會大眾，能引起他們興趣的，不只是投資後會拿到什麼成品、得到多少回報等「理性面」的訴求而已，我們還必須告訴支持者——為什麼要做這些事？為什麼你應該支持？

支持者願意投入金錢來資助一個構想，通常會帶有「感性面」，因此，我們必須告訴支持者計畫背後的來龍去脈，細述計畫背後的故事，讓他們了解這項計畫不只是機械式的投入與產出，更富有人情關懷與生命力。

2 過度依賴「文字」來表達你的訴求

科學研究證實，人類專注的時間其實很短暫，也因為這樣，「TED」才會限制講者只有十八分鐘的演講時間。而要在短時間內引起觀眾的注意，一張圖片往往勝過千言萬語，一支影片更勝於千百張圖片，因此，要成功獲得支持者的青睞，吸引他們打開錢包掏出鈔票，「圖像化」這工作可不能馬虎，適時地將你的構想、成

果以影像或圖片呈現，可以讓你的計畫更具體、真實，獲得支持者的喜愛。

3 靠自己拋磚引玉

好的開始是成功的一半，專案剛提出時，若網友覺得這個計畫響應的人數低落，

那他們自然不會被吸引、感興趣；人們通常都喜歡錦上添花，願意雪中送炭的人非常少。所以當你把專案放上平台後，一定要先拉一些身邊的親朋好友支持，網友在平台上看到企劃有人響應，才會激起他們的好奇心，想進一步了解。你應該沒看過任何一個街頭藝人的帽子空空如也，對嗎？

4 要讓支持者看懂錢的用途

投資者在投資時，要知道募資達標後，將會完成什麼具體且明確的事情，所以一開始就說清楚你要做什麼是很重要的，這是一個讓人們了解你和企業的重要機會；尤其是當人們在你的願景上下了賭注，讓一切變得清楚、透明是很重要的，包括如何使用這筆資金，以及你會遇到哪些挑戰……等。

5 丟訊息、發廣告，積極增加曝光度

試想，你每天都會逛哪些入口網站？頁面上又有哪些廣告？雖然你可能會認為頻繁發出訊息是在騷擾對方，但其實很多人需要透過這樣的方式，才會引起他們的注意。所以如果你只對網友送出一次訊息來推薦自己的企劃案，那結果必定是石沉大海！

創業者要盡量將企劃的能見度最大化，不同年齡、不同領域的人接收訊息的媒介也不盡相同，所以不論是實體還是線上網路，都要盡力尋求曝光機會。

6 亂打「名人牌」

許多人為了讓自己的計畫有亮點，通常會以名人推薦的方式來宣傳，但這招絕非萬靈丹，有時甚至會帶來反效果，你要確保那位名人與募資計畫的議題之間有關連性，不然花了錢還得不到效果，適得其反。

相對於傳統的融資、借貸方式，眾籌的商業模式更為開放，不僅入門門檻低、提案類型多元、資金來源廣泛、注重原創精神……為創業者提供更多無限的可能，實現心中的夢想。

魔法講盟助你眾籌圓夢

身處於眾力時代，不用自己的錢就可以成功創業，魔法講盟也以眾籌與商業模式為主軸開設眾籌班，教你如何透過別人，打造出自己的商業模式，從 ES 象限轉為 BI 象限，擁抱財富。

集眾人之智，籌眾人之力，圓眾人之夢

內附跨世紀最佳創業募資企畫書（P147～198）。

如果有一天，你有一位只有好點子，但沒有資金的朋友突然成功創業了，不要吃驚，因為他可能從「眾籌」而來；如果有一天，你有一位只有閒散資金，沒有投資目標的朋友突然獲得了多種投資回報，不要吃驚，因為他可能從眾籌而來。

如果你想要創業，或單純想讓你的事業經營得更好，如前面討論到的，眾籌也提供了一個絕佳的機會可以試水溫。想創業的人一定要避免花太多時間找店面、找辦公室、找產品，因為關鍵在於「找客戶」與「找團隊」。你能利用眾籌找出屬於你的產品或服務的客群在哪裡，產品甚至還不需要製作出來，可以利用 3D 模擬展示出來，只要一切合法就沒問題。

一旦發現市場對你的提案反應不如預期，你可以抽手不做，千萬不要辭職後，才去眾籌創業，因為過去很多上班族的做法是：先辭職，然後將過去攢下來的積蓄，全拿出來租一個店面，開始賣自己的商品，結果最後倒閉了，這樣實在很可惜。

　　只要你有好點子，就可以將它寫成一個完整的提案，發布在眾籌平臺，看看是否能募資成功，成功的話，再辭掉你原本的工作，對你來說生活也更有保障，眾籌可以助你騎驢找馬是也！在眾籌的過程中，你不僅能籌到資金，更能籌到人才、智慧、經驗、資源、技術、人脈等多方面的支持和幫助。無論你是普通人，還是頂尖人物，只要你有想法、有創造力，都能在眾籌平臺上發起提案集資，因為眾籌平臺就是一個實現夢想的舞臺。

　　作為新興商業模式，眾籌具有「集眾人之智，籌眾人之力，圓眾人之夢」的屬性，越來越多人想從中分一杯羹，在眾籌飛速發展之後，必將是大規模的「蜂擁而至」，這勢必促使眾籌的形式與發展更加複雜多變。

　　但政策、法規會隨著社會而異動，眾籌的管理只會越加地完善，因此有這麼一句話：有「道」，大勢所趨；有「術」，利他共贏，眾籌絕對會往更良性的方向發展，請各位讀者不用過於擔心。

　　巧用眾籌，就能同時找市場、找團隊、甚至能測水溫，更可以找出社群，融入社群，甚至從社群中找出你的團隊成員，也可以讓社群發揮「六眾」（眾籌、眾扶、眾包、眾持、眾創、眾銷）的力量，乃至「N眾」。當你欠缺「XX」，就可眾「XX」，你所欠缺的一切資源在網路上找就對了，眾籌能幫你有效解決人生問題！

　　眾籌模式完全符合企業價值創造的核心邏輯，即價值發現（籌資人和出資人的投融資需求）、價值匹配（與商業夥伴的合作）、價值獲取（與籌資人分成獲利），而我們創造價值的目標，就是為了獲取價值，讓魔法講盟透過眾籌，借眾人之力，圓你的夢想，獲得財富，助你從 ES 跳入 BI 象限！想進一步了解眾籌課程讀者們，可以上網搜尋新絲路網路書店，或掃描 QRcode 得知更多的課程介紹。

創業最重要的本錢——人脈

　　有人說：「一個人的一生，20 歲到 30 歲時，靠專業、體力發展事業；30 歲到 40 歲時，靠朋友、關係發展事業；40 歲到 50 歲，則靠事業壯大事業。」我們不難發現人脈在一個人的成就裡扮演著多麼重要的角色，特別是在現今如此高速發展的知識經濟時代，人脈關係在一定程度上，已超過所學的專業知識，成為個人通往財富、成功的門票。

　　在創業這片浩瀚大海中，我們可以在許多成功者的背後看到人脈關係的重要性，其中不乏求學時期的同學，甚至各種社會在職的進修班、研修班的同學也是。有位創業者在接受中國創業投資理財月刊《科學投資》採訪時曾說：「他到中關村創立公司前，曾花半年的時間，到北大企業家特訓班上課、交朋友，公司在草創期的十幾筆訂單，都是透過同學訂購或介紹的。」

　　多虧人脈的支撐，才讓他在創業之初能順利發展起來；他正是利用人脈關係幫自己度過第一關，開拓一片廣闊的事業前景。所以，創業者絕對要將自己的人脈資源經營好，因為依靠人脈帶來的效益並非暫時的，長遠來看，能起到不少作用，是開拓業務和事業發展的有利條件。

　　王棹林是一間小企業的老闆，依靠承包大品牌電器公司的業務營運，他之所以能長期和大企業合作，便是因為他的社交模式與別人不同。他不僅和合作廠商的大人物保持良好的關係，跟一般職員的關係也相當良好，閒暇之時，他總會想方設法地將對方公司所有員工的學歷、人際關係、工作能力和業績……等進行全面的調查和

了解，只要認為這個人對該公司未來有幫助並可能升遷，他就會更積極地與其互動。

王棹林說：「這麼做，是為了日後獲得更多的利益而做準備。」他知道，十個受重視的人當中，肯定會有九個能替他帶來意想不到的收益，現在盡力經營的這些人脈，日後定有豐富的收益。

他透過長期的發展和累積，利用人際關係建造了自己的人脈，把他們當作未來事業發展的資本，始終用心經營著這些人脈，讓他們為自己拓展業務、創造財富。

人脈在事業的發展中，能起到的作用是很可觀的，若能懂得經營人脈，那就等於掌握了成功的方法。所以在日常生活中，我們要學會經營自己身邊的人脈，以便時機成熟時能為自己所用。那我們該如何去執行呢？以下提供幾點讓各位創業主們參考。

1 學會換位思考

要想獲得別人的青睞，得到他人的理解和支持，就要先學會理解別人，懂得換位思考。當你處在對方的角度，便能設想出他要的是什麼，希望從外界獲得什麼樣的協助，這樣你才知道自己該如何做，獲得兩全。人都是互相的，唯有你理解別人、設身處地的為他人設想，別人才會反過來幫你。

2 真誠友善待人

人是非常奇怪的動物，當別人對我們好的時候，我們通常不會馬上感覺到；但別人的不友善和敵意，我們卻能在第一時間感覺出來。因此，如果你總對他人懷有敵意，那對方絕對會在第一時間感受到，並以同樣的方式對你，甚至將你列為黑名單。要想擁有廣泛的人脈，必須先學會處理人際關係，真誠友善地接納別人、關心別人。

3 建立誠實守信的形象

誠信是人與人之間交往的根本，如果一個人毫無信用可言，對待他人只是一味的承諾卻從不實行，自己還覺得理所當然、沒什麼大不了的，相信誰也不願意浪費時間和他多說幾句話。

想必大家都聽過《放羊的小孩》，愚弄別人反倒傷害了自己，失去別人對自己的信任；所以，和人交往要做到「誠信」為先。

4　增加自己被利用的價值

要想利用別人，就要先學會被別人利用，如果自己一無是處，還想著打交道的人都要是社會名流，你認為可能嗎？先完善自己，讓對方覺得你是個「有用」的人，才能讓他成為自己的人脈基礎。

5　樂於分享，善於助人

不管是資訊、金錢利益或工作機會，只要是有價值的東西，你能學會與人一起分享，就會有人願意和你交往。所以，只要有朋友需要幫助，並在自己能力範圍內，就盡力去幫，尤其是在危難和緊急時刻，當下的幫助，也許能成為你未來成功的關鍵。

6　保持對他人的好奇心

若只關心自己，對別人、外界不感興趣的人，別人也會失去對你的興趣，導致自己孤單終結；保持對他人的好奇，關注別人的動態，是拉近人與人之間的橋樑。

錯綜複雜的人脈資源，猶如成千上萬根交織在一起的線條，不整理便會亂成一團麻，自己也分不清哪根是哪根。所以，我們要懂得將人脈關係進行清理、分類，誰擅長哪一行，主要是幹什麼的、有什麼用，自己要相當清楚，以便隨時為自己所用，成為創業成功的紐帶。

以人脈開拓錢脈

史丹佛研究中心曾發表過一份調查報告，得出結論：一個人累積的財富，只有12.5％來自知識，另外87.5％仰賴於人脈關係獲得。另一份富人調查報告則顯示，全球各國富人數量排位，美國、日本和德國分別為前三名，中國排位第四，這些富人當中，有8％的人，他們既無生產或經營公司，也沒有任何專利技術，全靠人脈關係來致富；有超過75％的人，他們除了生產或經營公司及專利技術外，還有另一個最主要的原因──善於經營人脈。

現在很多人在事業上已大有成就，卻仍堅持去學校或培訓公司報班學習，為什麼？他們之所以去學校進修，便是為了到學校「掘金」。現在各大專院校的進修班相當受歡迎，如企業家班、金融家班、MBA 及 EMBA，這類課程的學費雖然高得嚇人，但還是每期爆滿，因為學習知識只是他們報名的一小部分原因，結交朋友、拓展人脈才是他們的關鍵所在。有些學校更在招生簡章上直接點出：「擁有學校的同學資源，將是你一生最寶貴的財富。」可見人脈在事業發展中占的比重有多高。

50 年次的凌航科技董事長許仁旭，正是一個靠人脈競爭力打天下的例子。當初獨自一人從彰化縣鹿港小鎮到竹科闖蕩，許仁旭沒有顯赫的學歷與家世背景，現今卻被外界估計有數十億元的身價，身兼十幾家科技公司董事長。

若你問他 Know How 在哪裡？他的回答肯定是：「就是靠朋友。朋友越聚越多，機會越來越多，很多的機會都是自己當初沒想過，也沒看過的，這些都是機緣。」許仁旭口中的「機緣」，其實就是他重義氣累積而來。

出身台積電業務人員的許仁旭回憶：「憑我這樣的學歷（中山大學畢業），當年要進台積電或任何一家科技公司談何容易？一切都只能靠朋友介紹。」就這樣，許仁旭在台積電時，負責凌陽的接單業務，因此與凌陽的董事長黃洲杰建立起深厚的感情。現在，他是凌陽集團轉投資業務的重要顧問。

　　而在證券投資界，56 年次的楊燿宇也是將人脈競爭力發揮到極致的個案，他曾是統一投顧的副總，退出職場後為朋友擔任財務顧問，並擔任五家電子公司董事，據推算，他的身價應該也有逾億元之多。為什麼一名從南部北上打拼的鄉下孩子能快速累積財富？

　　楊燿宇說：「有時候，一通電話抵得上十份研究報告，我的人脈網絡遍及各領域，上千、上萬條，數也數不清。」

　　所以，人脈資源並不是你想要，它就會主動找上門的，而是你要主動去尋找、去挖掘，平時便要多多累積，積極發展自己的人脈存摺，等到有需求時才能集中爆發，讓人脈發展成自己的錢脈。那我們平時又要如何累積人脈，為自己的創業開路呢？

1　多結交成功人士

　　俗話說：「近朱者赤，近墨者黑。」當我們周圍都是一些成功人士時，我們就會在不知不覺中，被他們身上那積極向上的動力所感染，從而學到一些成功因素，且他們的成功經驗可指點我們前進，激勵我們不斷前行，成為我們學習的榜樣。

　　最重要的是，這些成功人士能在關鍵時刻，給予我們實實在在的幫助；在危難時刻拉我們一把，讓我們離失敗遠一些，離成功更近一些。

2　充分利用同學資源

　　在創業的階段，我們要好好利用念書時期的友誼，讓這些關係更進一步，使它變得更有價值一些。雖然畢業之後，大家因志趣不同、各奔東西，都從事著不同的行業，你可能會因此而卻步，認為產業不相關而不敢與他們聯繫，但正是這樣才能產生互補的可能，利用不同行業的優勢，來為自己的事業提供不同的幫助。如果有人與你志同道合、一起創業，那他就是最好的合夥人。

3　充分利用同鄉資源

　　「老鄉見老鄉，兩眼淚汪汪」這類的人脈，往往會有特殊的情感參雜其中，共同

的人文地理背景，使同鄉有一種親近感。像曾國藩用兵就喜歡用湖南人；中國史上最成功的兩大商幫，徽商和晉商不管走到哪裡，都喜歡結幫互助，在同鄉之間互為支持，因而成就歷史上的輝煌。

假如你現在已大有成就，恰好碰上一個同鄉和你在同一地區開個小商店，你肯定或多或少會照顧他的生意，總覺得同鄉之間就應該相互幫助。所以，同鄉這個在當今社會看似不起眼的資源，在很多時候都能替自己帶來一些意想不到的效果，值得我們好好利用。

4 善用職場資源

從我們離開學校的那一刻起，接下來的漫長工作生涯，陪伴我們的也由同學變成共患難的同事。在這部分人脈中，有些能成為自己未來創業的合夥人或提供資金的援助。所以，職場也是相當重要的人脈獲取管道，一定要善於利用。

從現在開始，各位創業者們一定要懂得廣結人緣、拓展人脈，因為，在我們未來的事業中，你所結交的人脈資源，將在某個成熟的時機轉化為賺錢的資本。一個人脈競爭力強的人，他擁有的人脈資源相較別人廣且深，在平時，這個人脈資源可以讓他比別人更快獲取有用的資訊，進而轉換成工作升遷的機會，或者財富；而在危急或關鍵時刻，也往往可以發揮轉危為安，或臨門一腳的作用。

曾任茂矽電子副總經理、現任得詣科技總經理的梁明成觀察，在新竹科學園區，有許多工程師將心力全都放在技術研發上，因而忽略人與人之間的互動，缺少了個人競爭力的槓桿相乘作用（leverage）。梁明成說，專業與人脈競爭力是一個相乘的關係，如果光有專業而沒有人脈，個人競爭力就是一分耕耘，一分收穫；但如果加上人脈，個人競爭力將是「一分耕耘，數倍收穫」，這就是前面所述「借力」的觀念。

總之，在這個大雜燴的群居社會，我們不僅要做最好的自己，還要讓自己沾上各種人群特有的色彩，拉近與各種各樣人群的距離，廣結人緣，為自己打下堅實的人脈和客源基礎，成為創業的推動力。

Chapter 5

創新商業模式，
營銷力爆棚

以最無痛的方式，開創最大志業，
讓你成為 2% 的創業存活者！

- 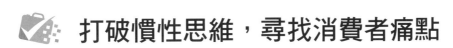 打破慣性思維，尋找消費者痛點

- 商業模式，助你打開財富第三隻眼

- 反脆弱才能與時俱進求生存

- 創新商業模式，讓事業指數型增長

打破慣性思維，尋找消費者痛點

現今的企業已全然成為「服務業」，因此，顧客需求與服務體驗儼然成為企業在設定發展策略、服務創新、產品開發的成敗關鍵。然而，如何做到？

在商業型態轉變的歷程中，企業立場已從「自我觀點」移轉至「顧客需求」，凡事從自己角度出發的模式已被市場、趨勢淘汰，取而代之的是從用戶觀點的角度為核心，更能直擊顧客痛點，提升顧客認同度與購買意願。

也因此服務創新、用戶體驗一直被企業視為重中之重，運用相關工具、手法來了解及洞悉顧客痛點，像是「使用者訪談」、「需求洞察」就是相當重要且關鍵的核心技術，但要做到客觀、周延，還需精準觀察、多元引導、要素解析。

我根據過去幾年的企業個案觀察，發現大多數企業領導者都有自己的偏誤與認知慣性，若要做到客觀、中立，可以從三方面著手。

1 檢視自身思維偏誤

每個人都有屬於自己的偏誤，也因為這些偏誤而造就了自己的世界觀，然而要做好用戶研究與分析，則需要減少偏誤與投射的比例，才不會像是戴著有色眼鏡在過濾資訊。那要如何減少偏誤呢？

其實先從解析自己開始，了解自己的「風格型態與價值觀點」，有利於區分自己在哪些資訊的關注上特別在

意、哪些特別忽略、哪些會帶入判斷、會扭曲哪些資訊……等，當對「區分」這件事情有所察覺，已然更能細膩去了解用戶。

2　建立洞察系統

想要進行有價值的消費者行為研究，除了研究消費者特徵外，我們也必須了解消費者行為其實是一整個過程，而非接收訊息、購買階段而已。因此，研究消費者行為應該包含了解消費者獲取產品及服務前後的評價和選擇心理，關心消費者對於產品的使用心得等，在研究這些行為反應後，盡可能降低消費者的限制和不滿。

◎ 消費者取得資訊及購買管道。

◎ 消費者搜尋考量及習慣。

◎ 消費者選擇標準──需求研究／競品分析。

◎ 消費流程便利性。

◎ 消費者購買產品後的使用體驗。

減少偏誤的影響因子後，接下來就是如何有效且客觀地去了解消費者。然而，觀察中，資訊是龐大且繁雜的，建立一個有效的資訊蒐集與判別系統，能使你更具象、有條理地蒐集與彙整資訊。創業主們可以從以下幾點來思考。

◎ **文字：**文字用語、語句編排、論點主張、音調頻率、文字溫度。

◎ **外型：**穿著打扮、外觀髮型、飾品配件、衣著款式、顏色配對。

◎ **表情：**表情的豐富度、出現頻率、下意識表現、種類傾向。

◎ **肢體：**手勢多寡、位置頻率、下意識動作、互動頻率度、同質性。

◎ **眼睛：**眼神的移轉、移動軌跡、停留頻率、相互對望的程度。

當然，另外還有很多面向，可以透過結構化的系統設計，來取得「可視化資訊」，就能以更客觀、驗證的角度來了解消費者，看到他們背後的需求、痛點，進而讓消費者產生想要的念頭。

3 引導消費者試用與反饋，提高動機

人類本能的動機有三種：追求愉悅（感到快樂的東西）、迴避痛苦（感覺糟糕的東西），以及尋求社會認同。愉悅可以是有形的金錢、食物、贈品，也可以是無形的榮耀、興奮感，或是單純覺得好玩。

有形的金錢最實際，這也是為什麼消費者永遠吃「折價券、現金回饋」這一套，但除了降價促銷、發送小贈品外，無形的誘因也值得一試。若想提供給消費者無形的榮耀、興奮感，創業者們可以考慮試試看趣味性的「互動式行銷」。

好比互動行銷之祖——漢堡王，於 2004 年推出 Subservient Chicken 來推廣雞肉三明治，進入活動網站便會看到一個互動影片，使用者可以透過打字來對影片中的雞發號司令，你可以輸入亂跳、亂叫、伏地挺身等等，這樣的互動式廣告，讓漢堡王於短短二個星期內就創造高達一億人點擊，相當高的點閱率。可見互動式行銷效果顯著，不用複雜，簡單的互動便可創造大商機。

因此，如何引發消費者產生更多的反饋和用戶資訊，「引導」成為非常重要的環節，一個好的引導，可以帶動對方源源不絕的談論。那要如何引導呢？筆者與各位分享二大關鍵。

- 📍 **開放式問句**：為了讓對方能有更多表達機會，使用開放式問句是最適合的，因為沒有標準答案，更能使得對方侃侃而談。
- 📍 **漸進式引導**：透過階段性的引導流程，讓人從具象到抽象、從事件到感受、從過去到未來、從自我到他人，也因此更能產生深挖的影響與效果。

　　當能夠從以上方面著手，有助於做到客觀、清晰、具體的蒐集資訊、了解目標客戶，進而找出痛點與解方，設計出貼近顧客的服務與產品。

　　一間初創的企業要想永續發展下去，經驗的累積是非常重要且關鍵的，但有很多創業主會忽略自己是如何延展到現在，只關注於如何找到更好的方式，讓商業發展更擴張、迭代！

　　一個企業的成功，絕對有許多關鍵要素，然而如何讓成功更容易，「關注消費者需求、善用過往經驗」絕對是核心之一，但是也「別讓過去經驗左右了未來」！最後，以馬歇爾・戈德史密斯（Marshall Goldsmith）曾說過的話：「What Got You Here. Won't Get You There.」來提醒各位創業主引以為戒。

打破慣性思維從行銷做起

　　做出產品，然後想辦法賣掉，是傳統行銷思維；而在網路時代，有人先接單再想辦法「變出」產品，有人不只賣產品，還幫客戶創造新利潤！

　　網路時代巨流下，為求生存與發展，不管是產品行銷或銷售，都不得不向網路靠攏，藉此獲得更多全球目光，但這些企業的操作手法，究竟能否完全發揮網路效益？答案卻不盡然。

　　關鍵在於，絕大多數的企業主未真正打破慣性思維，只把舊的商業模式原封不動搬到網路平台，因此很難開拓新市場，終究無法做大。

　　兩岸企業的對比作法，很值得參考。許多大陸微商剛創業時，沒有足夠本錢去研發產品或參展，只好從網路行銷與接單開始，先透過低成本的網路通路，對外行銷企業的供貨能力，等接到單後，再找貨源，並等到訂單量夠大時，才去建立自己的生產線。

　　反觀台灣，許多企業從生產出發，先鑽研生產技術，再去想這項產品可以賣給誰？如何找到買家？雖然

「MIT」已在全球建立了好口碑，但大陸微商因為先取得大量訂單，也開始進入追求品質的階段，兩相競爭下，台灣企業的優勢將漸漸流失。

怎麼辦？我認為產品、項目依然是我們的創業基石，不過我們要思考的，是如何透過網路行銷品牌的能力。網路行銷的第一步，就是「給自己定位」，以深圳製造商鑫月塘為例，老闆黃立華這兩年才投入電子商務，剛開始商品線很雜亂，後來才專心做運動水壺。

他的網站也因此改版，只上架相關產品，增加專業度，同時不斷刊登軟性文章。現在，不管是在 Yahoo 還是 Google，只要以英文搜尋「運動水壺製造商」，他都能在第一頁占據好幾個排名，且是不花錢的。透過網路他也獲得 Wal-mart、麥當勞、可口可樂的巨額訂單。

安口食品機械公司，則是很好的台灣範例。他們除了使用線上平台推廣產品，更積極透過網路行銷其各國點心製造機的專家形象。安口總經理歐陽志成分享到，雖然台灣企業的生產力不容置疑，但客戶要的不是這家企業賣一台做餃子的機器給他，而是這家企業能否成為他的「印鈔機」？想成為客戶的印鈔機，除了要提供品質穩定的機器，讓客戶的生產不斷線，還要有能力幫客戶創造新利潤。

創造新利潤，也就是創造新市場，要抓住核心能力，試著先提供想法給買家，請買家根據現有市場狀況，判斷產品的銷售力，再真正進入生產階段，如此，企業不僅可加速供貨的反應力，也可提升生產效益，創造雙贏局面。

網路提供了建立新商業模式的機會，所以各位新興創業者們，要想從夾縫中開拓新局，就要善用網路，創造客戶的需求，才有機會擴大生存空間。

找出痛點就是找出需求

要打造一個好產品，需要先找到消費者對這項產品的需求是什麼，所以我想跟各位討論一下，消費者需求的思維是什麼、買點為何，以及消費者痛點，讓你可以更清楚自己的產品定位和銷售方式。

1 消費者需求是什麼？

如果你打算創業做一個品牌，你應該思考的第一個問題是什麼？當然你有很多問題要思考。做什麼產品？線上還是線下？怎麼定價？如何生產？團隊怎麼組建？前期資金從哪來？

這些都是很重要的問題，但你首先要思考的是——消費者是誰，他在哪裡，誰最可能買你的單。

在創業之前你要知道，消費者還有什麼需求未被滿足，或者說未被充分滿足，只要找到，那你的機會就來了，一切的生意機會都從消費者需求中來。

《賈伯斯傳》提到一點，賈伯斯從來不進行客戶調查。他說如果福特在發明汽車前，先去做了市場調查，他得到的答案一定是消費者希望得到一輛更快的馬車。這個案例論證了調查消費者需求並沒有那麼重要，創造偉大的產品才是根本。

你要知道，消費者要的並不是一輛「更快的馬車」，他真實需求其實是「更快」，而「馬車」只是實現「更快」需求的一種交通解決方案。你可以在馬車這個解決方案上加以改良，也可以創造一種全新的、滿足更快需求的解決方案——汽車。其實這就是品類的定義，品類即滿足消費者需求的一種固定化、程式化解決方案。

消費者沒義務了解自我需求，但商家卻有義務理解消費者需求，以提供將需求具體化、清晰化的解決方案。當你能拿出這樣一個解決方案，消費者就知道自己原本模糊的需求到底是什麼了，於是消費者就會認同你、感激你，認為你非常懂他的心思，進而願意關注你，了解你，因為你比他更了解自己。

那消費者要的買點是什麼？買點應該包括兩個需求點：明確需求（基於現狀有迫切改變的需要）、潛在需求（對現狀不滿但沒有急切改變的需要）。

買點是客戶購買商品的行為心理動機，它能激起大眾為滿足需求做出購買行為。簡單說，就是需求點。可能某一種商品在市場上熱銷，但每個人購買的動機和理由不見得相同，買點也可以說是客戶的差異化需求點，客戶之所以買，是因為產品對他有用，能滿足他的需求，讓他解決問題或實現快樂。

買點是從消費者的角度來思考的，消費者要的不是賣點，而是買點，給我一個購買產品的理由，例如：質量好、功能強、價格便宜、味道鮮美、明星代言等，這些理由當中的某一個理由，都能成為買點。

例如你是某明星的死忠粉絲，只要是這個明星代言的產品你都買，那你的買點就是這個明星；又比如你進一家花店，覺得某一束花特別好看，特別與眾不同，那麼買點就是好看；再譬如你吃了一家餐廳的菜，覺得非常好吃，下次還想光顧，好吃便是你的買點。

當然，買點可能是一個點，也可能是幾個點的結合，然後打動了你。

2 消費者痛點真的存在嗎？

這幾年經過互聯網思維的影響，一提到消費者需求，大家就會提到一個詞——痛點。但當你真的要開發一項產品、新創一個品牌時，你會發現，其實根本沒有那麼多消費者痛點讓你挖掘。

你所找到的消費者痛點，基本上都已經有現成的解決方案了，且不只一個，但如果真的沒有現成的解決方案，興奮之餘也別忘了慎重思考一下，你所找到的痛點是不是真的有價值。

又如果你覺得你的想法比現有解決方案做得更好，那你很可能陷入一個「更好的陷阱」，因為你必須比對手好十倍，消費者才會有所感，倘若你只比對手強一些些，其實客戶是感覺不到的。而要做到好十倍，那你就必須保持專注，在單個點上做到極致，也就是前面章節討論過的，聚集於一個品類的話，可以讓消費者形成強烈認知。

另外，我們也要考慮現今的市場環境。對於一間初創企業的產品開發來說，你必須在高單價和消費頻率間擇其一，如此才能分攤掉高成本和利潤成本，也就是薄利多銷和厚利少銷的選擇。

今日絕大多數的商品和品牌，對消費者來說都不是什麼剛性需求，受價格影響較

小，沒有什麼痛點。所以有人曾問廣告是什麼？就是將一些消費者不需要的東西賣給他們，也就是行銷常說的喜歡賣梳子給和尚、賣冰給愛斯基摩人。

生活中，我們經常看到這樣的例子：為了吃上某間餐廳的美味料理，可以忍受店裡很吵的音樂；為了喝一杯星巴克的咖啡，可以忍受坐店裡不舒服的座椅；為了看一部電影，可以排幾個小時的隊……這樣的消費感受，很多顧客都還能全盤接受，所以在產品同質化的今天，大多數企業都朝著提供極致的體驗服務下手，改善問題讓顧客滿意，因而願意長期消費，甚至成為死忠粉絲。

某家淨水器在上市後，收到大量投訴，問題集中在淨水器的濾芯上，原來他們降低生產成本，淨水器濾芯所用的原料低廉，導致偶爾會有無法運轉的情況發生。經過商議，他們決定每半年就為用戶換一次濾芯，同時提供清洗淨水器的服務，這樣既保證產品的質量，也配套了完善的售後服務，不僅贏得口碑，更提高品牌影響力，和競爭對手相比較，這樣的服務是其他品牌沒有的，成功打造新的賣點，所以企業要針對消費者的痛點進行梳理，將他們的痛點轉化成賣點。

或是你可以再次打破窠臼、突破框架，改從消費者的舒服點下手。舒服點與痛點不一樣，從心理學中經典的馬斯洛「需求理論」出發，痛點往往是處於相對需求，偏向於解決基礎、已然存在的問題，而舒服點往往面向更高的需要，創造新需求，產生新的消費。

從商業角度來說，不是解決完問題就結束，可能還會帶來更高的追求，因此容易構成長尾，也能在更多方面去挖掘，去引導。所以，舒服點非常容易有所突破，受眾更廣，也比較適合創業。但舒服點也可能會面臨一些問題，以舒服點啟動創業時，要找到真正的「商業需求」並不是那麼簡單，有時候創造的需求，可能是偽需求，反之，鎖定痛點往往更有可操作性，容易找到真需求，因為讓人舒服的點有很多，但未必都是真實的商業需求。

且舒服點在早期是可有可無的，要想讓消費者掏錢買單並不容易，其商業運作時

間也偏長或者需要有足夠多的基數人群，才會自然出現增值和服務收費，痛點付費就更容易些，因為消費者會對於能解決的痛點持以較高的付費意願。

再者，舒服點在沒有構成商業模式前，其用戶黏性是低於痛點需求的，過了臨界點後，它的需求就會更高，而痛點可能恰好相反，因為很多是一次性買賣。所以，痛點和舒服點是兩種完全不同的邏輯，從商業理論、人性、心理學、實戰路線和系統架構都不一樣，就看各位創業者們的狀況如何，視情況做出最適切的選擇。

商業模式，
助你打開財富第三隻眼

台灣一個普遍的結構性問題是，許多年輕人的商業敏銳度（Business Acumen）顯然是不夠的。國外可能因為教育體系的關係，從小就被鼓勵接觸商業活動，像童子軍賣餅乾或在超市外擺攤賣檸檬汁等。相形之下，我們的教育體系並不鼓勵小朋友參與商業活動，或是留意生活周遭發生的商業行為，造成很多年輕人長大後對生意的想像是很淺薄的。

這幾年常看到主流媒體報導許多創業的成功案例，某商業人士幾年內成功賺了多少錢，讓創業變成一件人人所嚮之事，我雖然鼓勵年輕人創業，但現在的年輕人似乎不太去思考創業可能面臨多少面向的問題，做下去之後才發現要了解的層面甚廣，財務、會計、徵才到管理、客戶在哪裡、通路在哪裡、代理商的分潤怎麼談等等，完全不了解也沒有想法，所以只好四處問，但也不知道如何判斷到底對不對，中間有極大的摸索成本。

根據調查，新創事業第一名的失敗原因就是「產品沒有市場需求」，所以想跟各位討論一下極為重要的概念「商業模式」（BM，Business Model）。大部分的創業者都是從我有一個想法或好點子、我有什麼關鍵資源和厲害的技術、或者我是這個領域的專家，有很多產業經驗等方面進行思考，充滿熱情地開發出產品，雖有可能簡略設定客戶輪廓（例如20至25歲的女性上班族），但實際推廣的時候，卻發現所有的假設都有問題，甚至根本不知道哪裡出問題，錢和時間就這樣消磨殆盡，被迫劃下休止符。

以往主流的 OEM 與 ODM 文化，是你給我一個規格我就做，告訴我問題我就去找答案，但現在的市場變化實在太快了，你需要去了解客戶、了解市場，弄明白自己的優勢和資源在哪，去追問、確認什麼是現在最需要解決的問題。

　　有些人可能會認為創業是要一步步摸索，累積經驗，就我認為，測試很好，不怕失敗也很好，但有目的性地測試和盲目地撞牆是兩回事兒。創業是件非常辛苦的事情，所以我希望大家把時間花在對的地方，而不是只想著往前衝。

　　任何一門生意的背後都有一套商業模式，所謂的商業模式就是描述企業要如何創造價值、價值傳遞及賺取獲利的一套方法。儘管現今的商業模式已成為掛在創業者與風險投資者嘴邊的慣用名詞，但它仍是能讓成功創業的關鍵道路。

你的商業模式是什麼？

　　這可說是每個創業者在面對投資人時都會被問到的問題，若想打動投資人，創造出一套成熟並符合商業邏輯的模式便成為必然。而在大部分的時候，商業模式的好壞與否與企業生死存亡、興衰成敗有著直接性的關係，不論你處於草創階段，還是發展、成熟，甚至是要挑戰上市的創業，要想成功，就必須先制定一套成功的商業模式。

　　商業模式九宮格是由 Alexander Osterwalder 與其團隊所共同提出來的一套歸納方法，他將九大基本要素系統化地整合，聚焦在自我定位與市場需求和企業間的關係，下面跟各位介紹這九要素如何規劃。

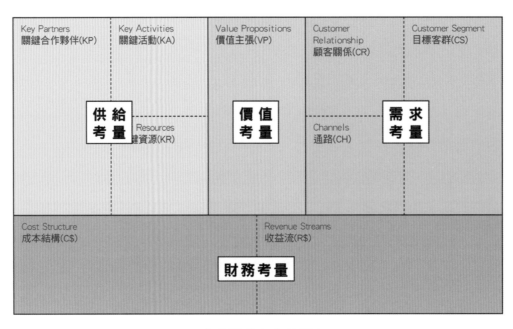

商業模式九宮格圖

◎ **關鍵合作夥伴：**簡單來說就是你的創業夥伴有誰，這部分包含了你的內部創業夥伴與外部的異業結盟等等，當然，你可能不需要夥伴，但在創業初期有夥伴支援，確實能省下不少事。

◎ **關鍵活動：**為了實現構想，你需要做什麼？要生產什麼樣的產品、要下什麼廣告、要找什麼合作廠商等等，試著思考創業項目中最關鍵的商品、事件與決策為何。

◎ **關鍵資源：**你的優勢，簡單來說就是你有，但別人沒有的東西是什麼，為什麼只有你能做，消費者為什麼選擇我們。

◎ **價值主張：**你主要賣的商品或服務有哪些？能解決客戶什麼問題，提供什麼東西？這個產品、服務與競爭對手比，其特點在哪、優勢在哪……？

◎ **客戶關係：**你跟客戶如何互動，只有買賣雙方的關係嗎？還是存有偶像與粉絲的關係，好比 Apple 的死忠粉絲。

◎ **通路：**你的產品或項目在哪裡販售？是直接銷售還是間接銷售，抑或是網路銷售、電視購物等等，另外還要思考品牌與價值主張該如何傳遞。

◎ **目標客群：**賣給誰？這點就要非常精確了，是什麼樣的人？幾歲？住哪裡？有什麼興趣？客群定位會影響到後續的行銷規劃與文案、品牌設計。

◎ **收益：**總的來說就是你推出的項目、服務可以賺到多少錢，另外銷售費用、使用費、會員費、租金、授權費或廣告費等等收入項目也在此列。

◎ **成本：**要花多少錢，這是整個商業模式中最現實的地方，這也是讓你準確判斷該項目可不可行的關鍵，如果成本大於收入，那就不可行，必須重新調整。

九宮格的用途主要是用來協助創業者做自我定位與重新判斷市場需求，以找到獲利點的方法，也能用來作為品牌定位的工具，協助創業者找到自己的目標客群並推廣服務。

當今企業的競爭已不是產品間的競爭，而是商業模式之間的競爭，要想在市場上生存下來並獲得成功，商業模式絕對是重中之重，能讓你思考如何透過商業模式的規劃，來確實滿足客戶的需求並創造價值，分配內外部的資源並傳遞價值，賺得生存資

本並持續獲利。

2003 年，Apple 推出 iPod 音樂播放機和 iTunes，促使可攜式娛樂起了革命性的發展，創造出一個新市場，公司也因此脫胎換骨。短短三年，iPod 和 iTunes 的組合，造就了一個約 100 億美元的產品，占 Apple 總營業額的 50％左右，Apple 市值也一飛沖天。

這個成功故事，人盡皆知，較不為人知的是，Apple 其實並非率先推出數位音樂播放機的公司。Diamond Multimedia 公司早在 1998 年就推出 Rio，Best Data 公司也在 2000 年

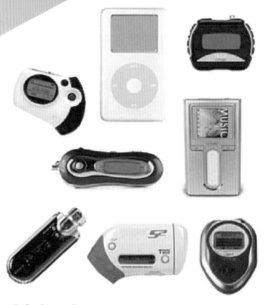
早期各品牌 MP3 Player。

推 Cabo 64 上市；兩種產品的性能都很好，不但可攜，造型也時髦漂亮。但為什麼 Apple 的 iPod 卻能獲得成功，而不是 Rio 或 Cabo 呢？

因為 Apple 的做法聰明許多，不只是運用技術與動人的設計來包裝而已。它在好技術的前提下，再配上一套出色的「商業模式」包裝起來，其中真正的創新，是讓數位音樂的下載變得簡單且便利。

為了做到這一點，Apple 把硬體、軟體和服務結合在一起。這套方法的運作，就像把 Gillette 有名的「買刮鬍刀就必須買它的專用刀片」銷售模式倒過來做：Apple 免費奉送「刀片」（利潤率低的 iTunes 音樂），鎖住消費者購買「刮鬍刀」（利潤率高的 iPod），這套模式用新方式定義價值，提供消費者耳目一新的便利性。

經濟學人智庫（Economist Intelligence Unit）曾調查有超過 50％的企業高階主管相信，企業經營要成功，商業模式創新會比產品或服務創新更重要。IBM 之後也做了一次企業執行長調查，結果也相互呼應。

接受調查的執行長，幾乎異口同聲地表示，商業模式要視狀況而調整；超過 2/3 的人說，有必要大幅改弦易轍。特別是在這個經濟不景氣的時代，有些執行長已在尋找商業模式創新的方法，企圖能永遠改變市場版圖。

但創造新模式，並不代表現有的模式會受到威脅或必須改變。新的商業模式常常

加強並補足原核心事業，道康寧公司（Dow Corning，為世界第一家生產矽油的製造商）便是一個例子。

道康寧以矽膠為原料，銷售數以千計的產品，並提供複雜的技術服務給無數的行業，但在獲利成長多年後，許多產品領域遲滯不前。經由策略檢討，公司有了十分重要的發現：它的低檔產品區塊正在大宗商品化。有使用過矽膠產品的顧客，大多不再需要技術服務，他們要的只是低價的基本產品。

這種變化創造出成長機會，但要利用這個機會，道康寧必須想出一種方法，讓銷售價格比較低的產品服務這些顧客。可是道康寧的商業模式和文化，都是建立在高價、創新性的產品和服務組合之上，所以為了經營大量商品化的業務，抓住低檔顧客，執行長蓋瑞‧安德森（Gary Anderson）請高階主管唐‧席茲（Don Sheets）組成一支團隊，開辦新業務。

為了滿足這些因價格而決定購買與否的顧客，席茲判斷價格點必須調低 15％。團隊分析新的顧客價值主張需要做什麼調整，發現要達到那個價格點，除了取消服務，該做的事還不少。價格大幅降低，要改採不同的利潤公式，成本結構基本上就必須調低，而成本結構多半得依賴一套新的資訊科技系統，因為如果想更快賣出更多產品，道康寧必須使流程自動化，並盡可能降低成本。

但公司根深柢固的習慣和舊有流程扼殺了任何改變遊戲規則的企圖，方案還沒起步，就被保守派的反彈力量扼殺。未來該走的路很清楚：新業務必須擺脫舊規則，自行決定適用什麼規則，好讓新的商品線業務繁榮滋長。為了掌握利用機會，也為了保護舊模式，需要一個新業務單位，有自己的新品牌認同，於是 Xiameter（有機矽產品）順勢誕生了。

Xiameter 才經營三個月，道康寧的投資便宣告回收，成為轉型成功的典範。道康寧以前不曾有過線上銷售業務，現在卻有 30％的營業額來自線上，約為業界平均值的三倍。且大部分顧客都是公司的新顧客，Xiameter 不但沒有侵蝕掉公司的老顧客，更支援母公司的核心業務，道康寧的業務因而更容易銷售高價核心產品，同時讓價格意識高的顧客有其他的替代選擇。

可見，一間公司絕不是只靠發現出色的技術，或是將那些技術商業化；成功，來

自把新技術包覆在適當且強而有力的商業模式中。

　　大家都知道創業失敗率很高，因為要面對的是不確定的未來。所以創業者要隨時有意識地發掘自己不知道或是不確定的事。這樣做雖然不見得一定會成功，但失敗的風險會下降。當你認知到哪些關鍵事情不太清楚時，就花時間採取行動去搞清楚，而不是真的撞到了才付出重大代價。

　　我以一德金屬為例，其創立於 1965 年，以生產各式鎖具、門鎖五金起家，由於技術門檻較低，後起之秀相繼投入市場後，公司營運每況愈下。第二代經營者進行轉型，積極精進技術，並掌握市場變化契機，成功開發出連結人臉辨識及無線通訊的「智慧型門鎖」，傳統門鎖搖身一變成為智慧聯網門禁技術的領航者。

　　而另一例為長順茶業第一代茶農在南投縣名間鄉播下第一粒茶種，百年茶業於此創立。長順茶業的第四代掌門人楊國珍，他繼承了曾祖父腳踏實地的精神，不僅用心做好茶，更採用全新的行銷方式翻轉老茶行舊有的經營模式。

　　楊國珍以「寄售」的方式串連起全台綿密的配銷網絡，將傳承百年的烏龍好茶推廣至台灣各地，之後更成立「TeaTop 台灣第一味」搶攻手搖飲料市場，並於 2015 年受美國矽谷邀請，跨海成立第一家分店，至今已有逾百家國內外門市據點，將台灣茶葉推廣至世界舞台。

　　每個商業模式都和當時的時空背景與市場狀態有密切的關連，中間當然有可以學習的地方，卻無法被輕易複製，這也是創業最難的地方，因此，一個好的創業者需要具備動態的思考和不斷調整的能力。

反脆弱才能與時俱進求生存

　　近年反脆弱一詞在企業的營運中時常被提及，而要討論反脆弱，就要從《隨機騙局》一書談起，其核心論點是世界上所有的事情，小至巴士幾點到站，大至日本下一場大地震的震度，乃至於下一個世界金融危機的起源，都是「隨機／亂數」（random）的，儘管人們常常誤以為它們是可預測的。

　　這類關於隨機亂數理論的書籍其實相當得多，柯林頓在任期間的財政部長羅伯特·魯賓在 2003 年出版的半自傳作品《不確定的世界》也是其一。華爾街出身的魯賓在書中以淡泊的口吻，述說自己如何從小開始就對於事情的不確定性感到好奇，並對於週遭的人誤解自己關於隨機事件的掌握度感到不以為然，然後描述他在華爾街的職業生涯，到在白宮和葛林斯潘以及桑默斯一起處理長期資本管理公司可能帶來的金融危機……等。

　　有趣的是，同樣是在隨機亂數的金融世界中建立自己的職業生涯和累積到財富，同樣用關於隨機亂數的寫作，塔雷伯對魯賓的評價卻非常負面，主要差別在於兩人對於應付隨機亂數世界的理念不同：魯賓認為可以透過某種機制去「化解」隨機亂數的部分，讓人們的生活更少災難，更平穩幸福。

　　塔雷伯則認為不應試圖去控制這世界上的隨機亂數，因為這只會帶來更大的災難，相反地，應該讓人們承受這些隨機亂數所帶來的危險，就像肌肉在每一次的重量訓練中會撕裂受傷，但再生長出來的肌肉會更強壯一樣，日常生活中不斷經歷施壓和磨練的人們也會成為更堅強的生物。

2001 年《隨機騙局》讓塔雷伯聲名鵲起，2007 年又出版的《黑天鵝》則讓他舉世聞名，因為隨之而來的 2008 年全球金融危機好似在呼應他的觀點般，「黑天鵝」也成為熱門關鍵字搜尋，但如果以塔雷伯自己的標準來看，金融危機「恰巧」在他出版《黑天鵝》一書後爆發，正好證明了世事的隨機亂數性質，但塔雷伯其實根本沒想過要「預測」金融危機，因為金融危機就像黑天鵝的存在般，是不可被預測的。

白天鵝與黑天鵝兩者相對存在。

據說發現黑天鵝前，歐洲人一直認為天鵝是白色的，隨著第一隻黑天鵝出現，歐洲人所認知的白天鵝理論被徹底推翻。所謂黑天鵝事件，指的是重大稀有事件，它雖然不可預測，卻一定會發生，好似墨菲定律。

人們總是過度相信經驗，但只要黑天鵝事件出現一次，就足以顛覆一切。比如當初稱霸一方的 Nokia，一直堅信手機就要像電腦一樣帶有鍵盤，永遠想不到有一天竟被智慧型手機擊敗；又比如 Uber 的異軍突起，也顛覆了傳統計程車業。

塔雷伯把自己對於人類對抗隨機亂數的環境，從而被無情淘汰或者變得更加強壯的過程，歸納在 2012 年出版的《反脆弱》（Antifragile）中。書一開頭塔雷伯就解釋為什麼會發明「反脆弱（antifragile）」這個字，因為他一直在思考：面對隨機亂數的世界給予的外力干擾時，有些人受不了而崩潰，有些人挺過來而繼續生活，有些人卻因此進化，變得更為強壯，創造出更多價值來。

面對壓力而崩潰的人顯然是「脆弱」的，但如果問大家脆弱的反義詞是什麼，得到的答案通常是各種不同情勢的「堅強」，可是這只能用來解釋那些挺過困難而繼續正常生活的人，與其說是「脆弱」的反義詞，「堅強」更像是「缺乏脆弱」，並無法解釋承受壓力卻因而進化的人，然後他突然想通了，必須要創造一個新的名詞——「反脆弱」（antifragile）的」。

這也是他想探討的重點，如果僅是能夠承受隨機亂數的世界所施加的壓力，那只不過是「堅強」，如果能夠因為這些壓力和危機，而提升自己的能力和反向擴展事業或者增強活動力，才是真正與脆弱相反的「反脆弱」。

「反脆弱」聽來模糊、抽象，我提出三種生活中都會遇到的職業來助各位理解。

- 📍 **一般職員**：他們是「脆弱」的，在企業工作似乎可以享有固定薪水，他們因此產生錯覺，以為穩定的收入是必然的，當企業計畫裁員時，才意外認知到自己的收入可能在某一天突然歸零，承受不了這樣的衝擊。

- 📍 **專業人士**：例如牙醫和律師，雖然收入不固定，但他們的專業能讓他們享有較高的收入，所以他們是「堅強」的，能夠承受一定程度的黑天鵝事件，儘管這些事件並不會改變他們的職業生涯。

- 📍 **靠自己的技能維生**：例如計程車司機、工人。他們的收入非常不穩定，有些日子會突然有大筆收入，運氣不好的日子可能會掛零，但他們正是「反脆弱」的一群。因為他們每天面對的生活是未知的，長期下來他們演化出對抗隨機亂數的生存技能，不管是不斷精進自己的開車技術、手藝，甚至路線，或者轉戰別的山頭。他們在不穩定的環境下，變得非常敏感，因此在黑天鵝事件來襲時，往往會比一般職員更能應變，得以存活下來。

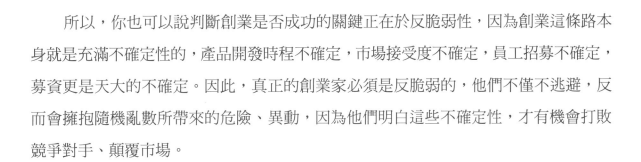

所以，你也可以說判斷創業是否成功的關鍵正在於反脆弱性，因為創業這條路本身就是充滿不確定性的，產品開發時程不確定，市場接受度不確定，員工招募不確定，募資更是天大的不確定。因此，真正的創業家必須是反脆弱的，他們不僅不逃避，反而會擁抱隨機亂數所帶來的危險、異動，因為他們明白這些不確定性，才有機會打敗競爭對手、顛覆市場。

把穩定建立在不穩定之上

試想，假如把一個玻璃杯摔在地上，玻璃杯摔碎了，代表玻璃杯是脆弱的，那和玻璃杯相反的是什麼？脆弱的反面是什麼？是堅硬嗎？如果現在把一顆鐵球扔在地上，鐵球沒有摔碎是因為堅硬嗎？那鐵球是否受益呢？答案是沒有，因為鐵球並沒有產生任何變化。

玻璃杯摔了以後變碎，在不確定中受損，那反面是什麼？它的反面是在不確定當中受益，而不是在不確定當中不變，所謂的反脆弱，是要能做到在不確定中受益，才能稱為反脆弱。

所以，一個人到底能不能賺錢？不在於你讀過多少書，更不在於獲得什麼學位，在於你是否具有反脆弱的能力，你書讀越多，越可能妨礙你賺錢。曾經有個蘇聯哈佛體系，認為一切東西皆可算，把一些東西算得特別精確，只要按照 KPI 的指標推動下去，這個公司就一定成功，但往往人算不如天算，這個體系最終卻失敗了！

《反脆弱》有一個重要的原理：系統的穩定性建立在子系統的不穩定性上。所謂：「舜發於畎畝之中，傅說舉於版築之間，膠鬲舉於魚鹽之中，管夷吾舉於士，孫叔敖舉於海，百里奚舉於市……出則無敵國外患者，國恆亡。」是也！如果想讓公司更好，非常重要的一點，你能否將員工的潛能釋放出來？你的員工是每天死氣沉沉，熬過一周又一周，還是每天迫不及待，思考今天到底能做點什麼？

人最痛苦的事莫過於把工作當做謀生的工具，你連那一份享受都沒有，所以會覺得好脆弱，因為薪水沒有漲，沒有發獎金，而看不到工作的意義。但當你看到這份工作可以謀生，又看到可以給社會帶來意義的時候，你就增強了自身的反脆弱性。

從創業的過程可以看出：從想法萌生，到最終創意成型，有很多大坑無法避免。所以，創業失敗率可能不止 98％，因為還有很多不了了之的項目沒有統計在內。

由此，避開創業長途跋涉中的各種荊棘、險阻錯誤，直接連結供需雙方，由需求

水準反向指導供給。也就是說，消費者要什麼服務、產品，生產者只需要專注於品質控制，不需要考慮資金、管理與售後服務，將企業與消費者形成統一戰線，各取所需、價值對等，使投資與消費二者合一。

因此，反脆弱的本質是在不確定環境中受益，而打通創業的關鍵則在於能力變數，在能力不同的視角、範圍、市場中，發現並解決問題，持續跨越價值假設與增長假設。企業在成長過程中，驅動我們成為終身成長的人，利用好反脆弱和其他工具，不斷提升領導力，找到社會問題，找到自己的秘密，並不斷反覆運算和進化這個秘密，享受創業。

試問自己，當黑天鵝事件來臨，你有能力抵抗嗎？要想創業，你還必須掌握一項能力就是「風險管控」，即你能接受的在你承受範圍內的最壞結果是什麼，並在這個系統中找到真實的制約因素。

創業前，千萬不要先考慮自己擅長做什麼，有哪些便利條件和資源，而是要先為自己設計一套反脆弱的商業模式。李嘉誠想必大家眾所周知，從創辦長江塑膠廠推出塑膠花熱銷，他曾經連續十五年蟬聯華人首富。

很多人都說他善於冒險，其實錯了，李嘉誠曾說 ：「我這一輩子創業，沒有冒過一點兒風險。一開始做塑膠花，我在別人工廠工作過，這種花怎麼生產、怎麼賣、能賺多少錢，我清清楚楚，所以我聘請的生產和銷售人員都比以往工廠裡的還要好，怎麼可能不賺錢？」可見創業真的可以很無痛。

一個具備反脆弱能力的創業項目，最重要的設計特徵是成本有底線，但收益卻沒有上限，也就是即使你一直虧本，最多到達成本的底線，不會無休止地虧損下去；賺錢時又可以不停地賺下去，不會出現明顯的「天花板」！所謂「選擇」才是最好的禮物！

設計反脆弱的商業結構，目的就是將失敗的成本控制在最低，讓收益不斷地放大，這樣抗風險的能力就會極大地增強，有充分轉圜餘地，可以自由選擇下一步的發展方向。

脆弱和反脆弱的最大區別，就在於你有沒有可選性，只要有選擇的餘地，就具備反脆弱的能力，其成功祕訣為「槓鈴式配置」。

　　「槓鈴式配置」指創業者要學會做多重準備，合理分配自己的時間、精力和資源，在槓鈴兩頭都有儲備，不是只有一條路能走。子曰：「邦有道，則仕（當官）；邦無道，則可卷而懷之（教書）。」便是這個道理。

　　Facebook 執行長馬克‧祖克柏曾說：「最大的風險就是永不冒險。世界變化如此快速，唯一註定會讓我們失敗的，就是不冒任何風險。」

　　尤其是在當今這個變化快速的時代，黑天鵝總是來得比以往更迅速、更巨大，我們必須勇於面對風險，讓自己在混亂的環境中具備反脆弱性，持續在波動中成長。

　　創業前，你要考慮的不僅是自己擅長做什麼，有哪些便利條件和資源，還要先為自己設計一套反脆弱結構的商業模式，所謂：「勝兵先勝而後求戰，敗兵先戰而後求勝」，套用在創業上同樣適用，與創業者們共勉之。

創新商業模式，
讓事業指數型增長

　　面對經濟全球化的浪潮，大從跨國企業小到個人經營的事業體都在追求服務與商品的創新，因為當市場競爭上升到一定熱度後，只有發揮創意找出新亮點、突破僵化框架，才能在趨同市場中延續競爭優勢、提升戰鬥力，這也使得「創意」一詞經常與市場生存機會綑綁在一起，而對於創業者來說，創意更是開展事業的重要推手。

　　在構思創業計畫時，創業者都會經歷一段創意發想的腦力激盪期，但儘管各種想法、主張或概念經過打磨拋光後轉化成完整的創意，也不代表創業者從此就一帆風順。有些人會執著於原始創意的不可動搖，導致忽略了消費者的實質需求，又或者過度迎合市場，造成原始創意的特色分崩離析，這意味著所有創意的成敗，最終都是以市場表現作為評斷標準，一旦失去了消費者的支持，創業者再引以為傲的創意好點子也無法散發光芒。

　　換言之，當你想發揮創意為自己打造創業優勢時，你的創意可以大膽有趣甚至帶有顛覆性質，卻仍必須顧及市場反應，做出適度的取捨，那麼如何在原創性與市場性之間取得平衡點，讓創意顯現真正的價值呢？透過以下的創業實例，或許將能幫助你從實務面檢視自身的創業計畫與商業創意。

　　創意的發想通常來自思緒活躍的頭腦、善於觀察探索的心靈之眼，以及豐富的生活經驗，所以創意可能發源自一種主張、一種概念、一種態度，而創業者將創意實質化的方式多半有兩種，一種是將既有元素重新組合成新事物，另一種是利用既有基礎創建新事物，於是市場上就出現許多創意設計商品、新型態的服務，乃至於某種商業模式的創新。且創意除了能發揮於商品或服務的設計，也可以運用在商業模式上的改良或創建上。

　　此外，每位創業者都希望自己能兼顧創意的原創性與市場性，假如碰到創意廣受歡迎，但市場獲利卻不盡理想時，千萬不要急於放棄，試著思考一下你的創意特點，延伸出相關優勢，就能從中挖掘出可「增值」的部分，進而找到出路，邁步迎向事業的獲利階段。

　　創業者在構思創業計畫時，無論銷售的是有形商品還是無形服務、項目，為了滿足消費者需求、突顯品牌特色、提高收益，各相關環節都要發揮創意巧思，即便開始營運，仍要為市場行銷與經營策略絞盡腦汁。由此可見，在創業過程中，創意擔負的任務並非只是為商品或服務設計「新梗」，還包括尋找生存機會、提升競爭優勢、增加營收獲利等面向。

　　更進一步來說，運用於商業的創意必須以市場為發想基礎，而非出於創業者自我感覺良好似的臆測，你必須站在更務實、更全面的角度來發想創意，盡可能讓商品或服務在協助消費者解決問題外，也同時滿足他們的心理需求，消費者的購買決策往往非常複雜，他們在理性評估商品或服務的功能性之餘，也會帶入個人的情感評斷，尤其在面對實質性商品時，這種反應會更為直接。

　　舉例來說，你把一塊蛋糕放在一般白紙盤上展示，另一塊蛋糕放在金邊瓷盤上，消費者的第一眼印象會自動將兩者劃分高下，哪怕它們是完全一模一樣的蛋糕。正因為消費者對實質商品的第一眼印象非常直觀，市場上的商品創意設計也越來越五花八門，如果你苦於無從發想商品創意，或不確定自己的構想方向是否正確，不妨從以下三大方向來彙整思緒。

1　善用文化底蘊，提升商品認同度

　　飽含文化底蘊的商品，容易勾起情感共鳴，提高消費者對商品的心理認同感，思考你的商品能否融入文化元素與人文精神，繼而賦予商品更豐富的意象。例如藉由原住民文化來發想商品創意，有別於一般印象中常見的原住民商品，融入時尚潮流元素，讓富含意義的部落圖騰，不再侷限於傳統原住民的服飾上，反而出現於木作手機殼、T恤、毛巾、背包，透過設計，直接說明圖騰的意涵，傳揚了原住民文化。

文化、時尚融合，讓商品增加了細膩的人文精神，從中傳遞出原住民的文化歷史感，更深受國際觀光客的喜愛，品牌印象與價值在無形中提升不少。

2 增添生活品味，讓商品傳遞愉悅體驗

隨著時代與生活形態的演進，現今消費者對商品或服務，不再只要求實用性與功能性，已漸漸轉進到講求生活品味的趨勢，這代表著消費者購物時，也追求著一種情緒上的愉悅感，思考著商品能否增添具有品味或富有生活情趣的設計元素，藉以提高商品質感，吸引目標消費者的關注。

3 鎖定目標對象，開發更為貼心實用的商品功能

每條魚都有愛吃的魚餌，正如不同的消費族群有不同的商品需求，因此，你要想自己的商品具備哪些特點與競爭優勢，而你又能否因應特定客層的需求，開發出更具實用性的商品功能，讓創業者明確、快速地切入利基市場。

值得一提的是，如果你想將某種技術、某種技能轉化為可販售的商品或服務，更必須發揮創意將其商品化。舉例，同樣具有視覺傳達設計背景的夫妻檔韋志豪與林欣潔，一度因為資遣與減薪坐困經濟愁城，所幸兩人都有繪畫才能，進而從彩繪牆面的經驗中獲得創業靈感，成立「幸福藤彩繪藝術設計坊」。他們以手工彩繪牆面，提供客製化服務作為市場訴求，無論是私人住家還是營業場所，只要客戶提出需求與想法，就能從專業設計角度提供建議與現場施作，繼而在完成「技術商品化」的同時，也創造出自身的市場競爭優勢。

總結來說，創業者闖蕩市場要仰賴許多要素的配合，商業創意猶如一把過關斬將的寶劍，尤其隨著環境因素與生活形態的改變，選擇自主創業的人數正逐日攀升，各

類市場競爭也越發激烈，如何發揮巧思、創造生存優勢儼然成為重要的創業課題。但無論你現在正準備發想創業靈感，還是已構思出創意，都請各位創業主們先檢視以下商業創意的基本要點，有益於你完善創業計畫。

1　創意可以自由奔放，但不要脫離現實市場

關於創意發想的思考方式有非常多種，不管你偏好選用哪種方式腦力激盪，最終都應讓創意奠基於現實市場。換言之，對著筆記本、電腦螢幕憑空發想創意是一回事，創意商品化的實際操作又是另一回事，哪怕你的創意再新奇、再有賣點，也必須經得起市場的考驗。因此，事前透過市場調查、剖析市場發展趨勢至關重要，與此同時，檢視實現創意所需的技術、資金與其他所需條件，也能幫助你調整創意方向，提高可行性。

2　市場效益不如預期時，全盤檢視、做出調整

當你滿懷壯志，用盡創意推出商品或服務後，發現市場效益不夠亮眼，或隱然出現坐吃資金的趨勢時，與其盲目堅持、咬牙苦撐，不如客觀地全盤檢視營運情況，找出缺失點做出調整。好比創意投入市場後，出現了事前沒預期到的問題，那這些問題能被解決嗎？不能解決的話，能否在維持創意精髓的情況下，進行微幅調整或從別處補強？

當然，有些時候問題並不在於創意本身，而是相關的營運方式，比如是不是因為獲利模式還沒有建構起來，導致創意「叫好不叫座」？還是因為行銷策略有誤，或通路無法觸及目標客層等環節沒有跟上節奏，才造成收益慘澹？由於市場具有高度變化性，消費者反應又即時迅速，唯有掌握創意的原創性與精髓，做出相應的營運調整，才能讓事業經營有道。

3 創意被人搶先一步，那就找出差異化的特點

　　創業者發想創意時，有時候會碰到市場已出現先行者的情況，但你不必急著在第一時間選擇放棄，正如相同的食材可以炒出不同口感和菜色，想想你的創意能否深化出不同特點？你與市場先行者的目標客層是否重疊？你能不能從對方的經營狀況中找到「同中存異」的發展機會？總之，讓創意深化、展延、擴散，從中找出自己的競爭優勢，利基市場或許就會出現。

　　多變的消費市場促使創業者必須以更具創意的方式提供商品與服務，但難免會遇到創意原創性與市場經濟收益有所落差的階段，然而一時的市場挫折並不代表最終結果，最重要的是讓自己保有「創意戰鬥力」，這不僅有助於創業者、經營者因應市場變動，也有助於事業的長久營運。

　　換言之，在事業經營的過程中，各類商業創意發想都要經過市場浪潮的一番淘洗，陷入瓶頸時，唯有保持耐心、客觀評估、適度調整，甚至精煉原始創意，為持續完善行銷流程、回應市場需求做出努力，才能在穩健中積極進取，逐步累積自創品牌的市場實力。

　　創業者都希望自己的事業能永續經營，但正如每樣商品都有其市場週期，事業經營也可粗分為導入、成長、成熟、衰退此四大階段，有時外界因素會導致事業衰退階段的提早發生，例如國際局勢、市場環境、產業政策與生活形態的變動，乃至於不可抗力的自然災害因素，都有可能讓經營者面臨收攤熄燈的營運危機。

　　這意味著創業者在經營事業的過程中，不管事業體的規模大小與營運時間長短，都要設法持續提升競爭力、延續生存優勢，才能避免事業發展陷入停滯或衰退，特別是在市場更迭快速的今日，若僅憑一招半式走遍江湖，很容易被市場淘汰。

　　更進一步來說，「與時俱進」、「後出轉精」永遠是市場生存法門，無論你現在

的事業處於何種階段，一旦出現事業發展受阻的狀況時，就應思考如何「升級」或「轉型」，這就好比為了運算更複雜的數據資料，你必須升級電腦系統，甚至更新軟硬體配備才行。

因此，當市場情勢改變、競爭對手增多、生存空間壓縮，與其坐困愁城，不如主動在既有的事業基礎上，替自己創造競爭籌碼，好比研發新品、改善服務、重新配置資源、擴大利基、深化品牌影響力……等。

國外便有一間公司 Buzzfeed 在困局中奮力突圍，最初是一間研究網路熱門話題的實驗室，如今已成為全球性的媒體和科技公司，提供包括政治、手工藝、動物和商業等主題的新聞內容，因為他們相信內容不只可以拿來賣錢、做廣告，更可以用來引發連鎖效應、蒐集有意義的「數據」，且現在賣輪胎、行李箱的都能跨足內容產業了，內容產業跨足別的領域又有何不可呢？所以他們開發出新的商業模式，選擇從數據中淘金。

創辦人喬那・裴瑞帝（Jonah Peretti）於 2017 年時曾宣布，公司未來高速成長不再只倚賴廣告，電商、影視將會是他們的成長新引擎。「數據」就是他們背後最強大的祕密武器，將廣告占營收比例，從 60％降到 30％，新的收益流包括電子商務、付費內容和平台營收，把優質內容放在 Facebook、Amazon、Netflix 和 Google 等大型平台，然後獲得平台給予的分紅。

但一間媒體公司產出的內容，要想超越 Amazon 這種大型電商的數據流量是非常困難的，所以勢必要產生其他獨特的價值，它可以是一段對話、一種感性的東西，或是一種客製化，要能讓消費者透過這項產品傳達他們的自我認同，最終目的在於使人感覺到差異化，因而選擇你，而不是 Amazon。

Buzzfeed 便將這個想法落實在他們從數據掏金的第一項產品——Tasty 食譜。

Tasty 是 Buzzfeed 旗下的食譜分享網站，成立於 2015 年 7 月，Facebook 粉絲頁人數超過 9,700 萬，每月的影音瀏覽次數更超過三十億次。在累積充沛的粉絲能量後，他們決定發行自己的食譜書，

但跟傳統食譜書不同，Tasty 讓使用者可以從線上超過一千則網友好評的食譜中選取主題，印製專屬於你的客製化食譜書，並送到你家裡！

要成功執行這個概念，有兩大關鍵，一是數據，二是生產線。傳統食譜往往以「前菜」、「蔬菜類」、「海鮮類」來分類，但 Tasty 反其道而行，用社群思維與大量數據進行分類，思考「為什麼人們會分享一則食譜？為什麼會在這則食譜上找到認同？」依據這個思考打造出八種分類，每種分類還有細項，都是數據篩選的結果。

收到用戶的客製化訂單後，便立即上傳檔案給可接客製化訂單的印刷廠，然後將食譜書寄到用戶手中。透過數據以及供應鏈的掌握，第一週線上預購的食譜數量就達到二萬本，推出半年狂銷二十萬本。

用大數據跑出的食譜書還無法滿足 Tasty，下一步，他們推出智慧型電磁爐 Tasty One Top 以及 Tasty App。只要將電磁爐和 App 連結，選定想要的食譜後，電磁爐就會自動調節製作該道菜所需的溫度，計時烹調時間，並提醒你下一個步驟是什麼。此外，Tasty 用戶還可以直接在 App 中購買該食譜所需的食材和調味料。

最初的內容網站竟開始賣食材，這聽起來有點不合常理。但對 Buzzfeed 來說，這一切都是為了「不斷創造可以被網友分享、創造更多內容」，為自己在 Facebook 與 Instagram 上達到最佳的宣傳，這在 Facebook 調整演算法、著重「可增加網友互動的內容」後，顯得更加重要。

從內容創造話題，再延伸商機的算盤，Buzzfeed 甚至將觸手涉及電影產業，成立娛樂部門，專門拍攝能在網路上造成病毒行銷的熱門影片，並從網站內大量的文章及影音中，挖掘出能成為電影或電視劇的題材，企圖效法迪士尼透過影視發展，拓展內容與 IP 授權的收入。

大多數人認為 Buzzfeed 是新媒體公司，但如今業界皆一致認同：內容只是 Buzzfeed 的門面；數據，才是他們真正的招牌本領。從內容出發，蒐集使用者與內容互動的關鍵數據，進而發展出新的商業模式，再從內容裡淘金，走出一條傳統媒體從未想像過的出路。

創辦人也不諱言地說：「Buzzfeed 的強項是隨著世界的改變而創新、調適自己。」後疫情時代的未來充滿變數，沒有人能說出成功的方法，但眾多方法中定不乏「不斷創新」。

總結來說，創業者在經營事業的過程中，保持迅速回應市場需求的能力至關重要，千萬別以為有了好成績就能長久坐穩市場江山，而當事業發展出現停滯、衰退的警訊時，與其坐吃老本或者病急亂投醫，不如保持冷靜、檢視局勢，試著從下面三大方向構思因應策略。

1　整合資源，挖掘競爭優勢

一般創業者可以把自身的事業資源劃分為三類：有形資產、無形資產和組織能力。有形資產是指可羅列在資產負債表中的具體資源，例如生產設備、生產原料、廠房等，無形資產則包括品牌影響力、組織文化、商品專利、核心知識技術等等，至於組織能力則是指資產與人員統合後，在市場上所產生的總體效率與效能，往往組織能力越高，市場回應的能力也越強。

當業績下滑、客層流失時，檢視並整合你擁有的事業資源，不僅能從中找出欠缺之處加以補強，利用可用資源，突破當前事業瓶頸，最重要的是，還能將資源集中運用於未來的發展目標，重建市場競爭優勢。

2　改良商品或強化服務，回應市場需求

不少創業者常因為事業初期的營運模式大有斬獲便因循守舊，時間久了反而導致商品或服務不能因應市場發展情勢，又無法滿足消費者需求，最直接的影響便是事業發展空間萎縮；因此，當事業營運出現衰退警訊時，思考如何改良或研發商品、改善服務流程也就成了關鍵點。

就商品策略而言，由於市場商品同質化的競爭日趨激烈，所以從商品的設計、製造、包裝以及附加功能上，除了要尋找與同質商品的差異點外，有時透過挹注人文精神、文化創意，藉以提升價值感，也能成功建立起獨特的商品優勢，值得注意的是，

改良或研發商品的過程往往需要投注額外成本，因此對於成本與末端售價的估算要保有機動性；此外，藉由強化服務的品質與效率，提供更貼心便捷、更符合消費客層需求的服務流程，也是創造市場競爭優勢的一大途徑。

總之，創業者應時時關注市場情勢的發展和消費者需求的變化，以便因需而動、適時改變，確保事業營運得以穩健成長。

3 維繫並提升品牌的市場影響力

創業者在事業營運初期，總會對建立自創品牌的知名度不遺餘力，但在追求事業持續發展的同時，如果忽視了對品牌價值的維護與提升，將會導致品牌失去活躍性與市場影響力，甚至漸漸流失客層。因此，有鑑於現在的消費者日益趨向「品牌消費」，當品牌影響力提升後，業績經常會同步大幅成長；事業發展陷入衰退或停滯時，也可以試著透過廣告行銷策略，再造品牌的影響力，成功為事業解套。

儘管現今的廣告宣傳手法五花八門，然而在擬定宣傳策略時，仍應衡量能否以最少的投資獲取最明顯的效果，並且重視品牌建構的整體性與長遠性，呼應市場需求打動消費者，千萬不要有高昂的廣告預算，才會有好效果的迷思；一來重金打造的廣告策略，可能要花很多時間才能回收成本，二來如果消費者不認同你的商品或服務，只會讓你的事業發展面臨雪上加霜的窘境。

對創業者來說，事業營運的每個階段各有其艱辛與甘甜，面臨業績下滑、發展停滯的時候，不要輕言放棄，要懂得在既有基礎上，客觀根據環境變化與市場需求構思的因應之道，藉此翻轉出一番新局面。

無論最後採取哪些變革創新策略，都應謹記：創業者雖然是以商品或服務開創市場，但最終是以「品牌」奠基市場，唯有對商品、服務、銷售、品牌形象等面向投入持久性的規劃和投資，才有可能構成品牌的市場強度與影響力，讓事業穩定成長、持續發展。

阿米巴經營學，創業不怕危機

2010 年，有日本經營之聖美譽的京瓷公司（Kyocera）創辦人稻盛和夫，為瀕臨破產的日本航空公司進行重整，一年內便轉虧為盈，營收利潤等各種指標大幅翻轉，成為全球知名的案例。

這一切，靠得就是阿米巴經營！阿米巴（Amoeba，變形蟲）經營，為稻盛和夫在創辦京瓷公司期間，所發展出來的一種經營哲學與做法，至今已經超過五十年歷史，其經營特色是：把組織畫分為十人以下的組織。在阿米巴經營模式下，讓企業像變形蟲的細胞分裂一樣，將整個企業劃分為一個個被稱作「阿米巴」的小部門，這些小「阿米巴」能靈活應對市場變化、決策反應快速、生命力強、且富有團隊犧牲精神。

每個人都以經營者心態工作，不斷自我調整，隨外界環境的變化而變化。

稻盛和夫指出，採用「阿米巴經營」最大的優勢，是讓每個成員都對企業經營抱著一股使命感，變得非常主動積極。領導者的工作不是強制讓員工去執行政策，而是調動員工的主動意願，讓員工主動去做。

每一個阿米巴都遵循著「利益最大化、成本最小化」的企業經營管理原則，每個部門的組長與自己團隊中的成員，共同討論自己這個阿米巴的目標，並以完成此目標為最終目的；每位成員分別以自己的立場，朝著各自部門的目標努力，將個人的能力發揮到最大，在過程中體驗到自我成長，也感受到與夥伴們共同達成目標的喜悅。阿米巴主要的特徵有五點……

◉ 全體員工共同參與經營。

◉ 用利潤中心制核算衡量貢獻度，強化目標意識。

◉ 實現可以分析到小部門的經營。

◉ 促進經營者和員工的溝通交流。

◉ 培養實務者。

　　這五點主要特徵，是執行阿米巴經營中，努力想要實現的結果。只要你進行真正的阿米巴經營，肯定能為企業帶來三點變化……

◉ 培養管理者・經營者與領導者。

◉ 促進組織活性化，讓你的員工更有活力，讓你的組織更有活力。

◉ 使員工理解和踐行經營者的方針政策。

　　阿米巴經營是一個「由大變小」的過程，透過賦權管理模式，實現全員參與經營。一般企業在擴張規模後，內部的管理或效率會大大降低，這是因為精力大多耗費在了部門之間的協調上。但只要阿米巴經營把大企業組織分割成若干個小組織後，就像回歸到企業的初創期──「小組織大能量」的狀態，這樣就更能發揮組織裡每個人的能動性，包括他們思考問題的能力。

　　阿米巴能助你以最小的成本，實現收益最大化，所謂經營「人」是最終目標，經營「事」只是手段，其實最終「經營」才是核心！

◉ 如何幫助企業創造高利潤？

◉ 如何幫助企業培養具經營意識人才？

◉ 如何做到銷售最大化、費用最小化？

◉ 如何完善企業的激勵機制、分紅機制？

◉ 如何統一思想、方法、行動，貫徹老闆意識？

1 核心價值之以人為本

阿米巴的基礎在於信任，相信員工的能力，把經營建立在互相信任的基礎上，這是實現阿米巴經營的最基本的條件，培養大量與企業理念一致的「經營」人才。

員工不是機器，不是單純用來利用的工具，而是阿米巴經營共同體中的一員。在這樣的經營氛圍中，員工必定會備感尊重，而將自己畢生的智慧與心血投入到自己的事業中去。

因此，「賦權管理模式」來得相對重要，在阿米巴模式中，充分授權的最終目的在於培養阿米巴領導人，激發每個員工的創業熱情，挖掘員工的企業家精神，讓他們得以盡情發揮自己的聰明才智。

2 核心價值之以理為先

「天下之大理為大」這樣的道理，在阿米巴模式中也能看的到，將「做人何謂正確」作為判斷一切事物的基準。

工作中所遇到的問題，為什麼解決起來困難？其實是因為我們沒有回歸問題的根源，考慮的盡是問題之外的因素，導致問題變得複雜、困難，但若從基本邏輯出發去判斷，將事情退回至最原始的狀態來看，往往就能發現問題的癥結。

若只埋頭自己的本職工作，就會失去全域觀，因此，不斷埋頭苦幹的時候，偶爾也要抬起頭看看大家，爬到高處去看看全景，讓自己更清楚自己的位置和角色。

3 核心價值之大家庭主義

絕大部分的經營者會認為，企業資訊外漏會對公司不利，因而不能公開透明，但阿米巴經營講求的便是「高度透明，全員參與」。

一輛車子，如果作為公車的話，無論是保養還是油錢，都會居高不下，但如果是員工自己的車子，肯定會十分愛惜。套用在企業來看，這樣的差別就在於，員工是否有將組織視為自己的「家」看待。在大家庭主義下，企業與員工本身就是一體的，尊重員工就是尊重自己。

　　每個阿米巴都像一個家庭，而企業就是一個更大的家庭，在這樣的家庭背景下，誰人會不奮勇向前而努力工作呢？

4 核心價值之熱情與夢想

　　在阿米巴經營學中，會談到最多的就是「熱情」，這往往來自於「尊重、放權、獨立思考」，只有當員工將阿米巴當作自己的事業全身心投入的時候，才能迸發出無窮的熱情，並奮力去實現自己的夢想。

　　真正想去做一件事情時，產生的力量才是無窮的。所以，要把工作交給真正有興趣的人去做，要想成就一番事業，只有胸懷激情的人去努力才能取得成功，因此，阿米巴經營學的核心價值之一便是喚起每位員工心中的創業激情與企業家精神。

　　在阿米巴模式下，人人都有絕對的經營權，你不能一味的等待上司的指示，要自主、迅速的做出判斷。阿米巴旨在讓創業者最大限度地釋放員工的創造力，把大公司的規模和小公司的好處統攬於一身，達到成本最小化、銷售最大化、長期獲利的目標，創業自然成功、自然很無痛！

　　在此祝福各位欲創業的朋友們，能無痛創業，創業成功，魔法絕頂，盍興乎來！

魔法講盟包辦你所有的創業難題

2019 年諾貝爾經濟學有三位得主，分別為印度裔美國經濟學家阿巴希・巴納吉（Abhijit Banerjee）、法國經濟學家艾絲特・杜芙洛（Esther Duflo），以及美國發展經濟學家麥可・克雷默（Michael Kremer），開創緩解全球貧困問題的實驗性方法，共同獲得殊榮。

為什麼吃不飽飯還要買電視？為什麼孩子即使上了學，也不愛學習？為什麼放著健康生活不去享受，卻選擇花錢買藥？為什麼能創業卻難以守業？為什麼大多數人會認為小額信貸對窮人沒什麼幫助？

他們為了弄清為什麼會貧窮，貧窮又會導致哪些特定問題，從而不斷讓窮人陷入無法逃離的窮困之中，十五年來積極走訪五大洲的窮人世界，調查了十八個國家的貧困地區，從當地的日常生活、教育、健康、創業、援助、政府、NGO 等多個生活面向，探尋貧窮的根源，最後得出一個結論。

人之所以會貧窮，不是因為我們固有的認知，認為貧窮是因為懶惰、不上進、不努力、沒有掌握機會、趨勢不對等等的因素，長達十五年的統計調查，得出貧窮是因為所處環境所造成的，貧窮只是一個外在呈現的結果，結果是由行動而呈現出來，而行動則是思維決定的，所以當你處於貧窮環境時，你會受到環境影響，因而造就貧窮的思維。同理，創業要想成功，最重要的就是先選擇一個適合創業的環境，然後再學習創業相關的知識，按部就班地實現你的夢想。

比爾・格羅斯（Bill Gross）是著名的連續創業者和創業顧問，他自成年後就不斷設立公司，也幫助他人成立公司，其創立的「創意實驗室（Idea lab）」，孵化逾百

家公司，融資百來餘次，成功幫助四十間公司上市，締造逾百億美金的市場價值，為社會帶來一萬多個就業機會，進而成就了一百多位百萬（美金）富翁。比爾‧格羅斯指出「創業的流程和步驟是非常重要」，創業如果流程順序不對，努力是白費的。

而創業最重要的第一個步驟，就是在創業前，你應該學習相關的知識，有人說創業怎麼越來越難了，其實是因為現在的創業者越來越專業了，若不提升創業的能力，單憑自身對創業的熱情是無法成功的，所以創業前，要先培養起自己的創業知識及能力，而放眼華人區培訓界，有在教授創業相關的知識及能力，就屬魔法講盟的課程最為齊全且落地，規劃了六大類創業系列課程。

魔法講盟的課程講求「結果」兩個字，跟其他培訓機構有所不同，只要你是弟子或學員，並且表現達到一定門檻以上，我們會提供小、中、大不同的舞臺給學員，依照學員的能力給予對應的舞臺，所以，魔法講盟開設的任何課程，首要之要求都一定是講求結果與效果。

☑ 來上出書出版班的學員，他的結果就是出一本暢銷書。
☑ 來上公眾演說班的學員，他的結果就是站上舞臺成功演說。
☑ 來上眾籌班的學員，他的結果就是保證眾籌成功。

☑ 來上區塊鏈認證班的學員，他的結果就是保證擁有區塊鏈證照。

☑ 來參加講師培訓 PK 賽的學員，他的結果就是擁有華人百強講師的頭銜。

☑ 來參加密室逃脫創業密訓的學員，他的結果就是走出困境，保證其創業成功的機率將比其他人增加數十倍以上。

☑ 來參加 WWDB642 的學員，他的結果就是建立萬人團隊，倍增收入。

☑ 來參加 BU 課程的學員，他的結果就是同時擁有成功事業 & 快樂人生。

別人有方法，我們更有魔法；別人進駐大樓，我們禮聘大師；
別人有名師，我們將你培養成大師；別人談如果，我們只談結果；
別人只會累積，我們創造奇蹟。

 ## Business&You 國際級課程

魔法講盟的核心與先驅大師們致力於成人培訓事業多年，一直尋尋覓覓世界最棒的課程，好不容易在 2017 年洽談到一門頂級課程，由世界五位知名培訓元老級大師接力創辦的 Business&You（以下簡稱 BU），BU 為創業者必學的一門課程，完整十五天的課程，能讓你同時擁有成功事業和快樂人生，於是魔法講盟挹注巨資代理其課程，並將全部教材中文化。

課程結合全球培訓界三大顯學：「激勵 ‧ 能力 ‧ 人脈」，目前以台灣培訓講師為中心，全球據點從台北、北京、廈門、廣州、杭州、重慶輻射開展，專業的教練手把手落地實戰教學，BU 能使你腦洞大開，啟動你潛藏的成功基因！

BU 整合成功激勵學與落地實戰派，借力高端人脈建構自己的魚池。課程劃分為 **①日齊心論劍班＋②日成功激勵班＋③日快樂創業班＋④日 OPM 眾籌談判班＋⑤日市場 ing 行銷班**，讓你由內而外煥然一新，一舉躍進人生勝利組，不僅創造價值、財富倍增，更得到金錢與心靈的富足，進而邁入自我實現與財務自由之路。

1 ①日齊心論劍班

一日齊心論劍班，帶領講師及學員們至山明水秀之秘境，大家相互認識、充分瞭解，彼此會心理解，擰成一股繩兒，共創人生事業最高峰。以大自然為背景，一群人、一個項目、一條心、一塊兒拚、然後一起贏！古有〈華山論劍〉，今有〈BU 齊心論劍〉，「齊心」的前提是互相深度認識，大家充分瞭解，彼此會心理解！

2 ②日成功激勵班

以《BU 藍皮書》為教材，用 NLP 科學式激勵法，激發潛意識與左右腦併用，搭配 BU 獨創的創富成功方程式，同時完成內在與外在之富足，創富成功方程式：內在富足外在富有。利用最強而有力的創富系統，及最有效複製的 Know-how，持續且快速地增加財富數字後的「0」。

NLP 創意思考與問題解決，讓你一次學會「自我成長力」、「人際關係力」、「情緒控管力」、「腦內思考力」、「執行完成力」五大關鍵能力，提升觀察判讀與換位思考能力，掌握有效傾聽及魅力表達技巧，設定更聰明的生活或工作標的，有效完成短期與長期目標。

以《BU 紅皮書》與《BU 綠皮書》兩大經典為本，除協助你成功創業、獲取財務自由外，也提升你的人生境界，達到真正快樂的幸福人生之境。此外，該課程以遊戲的方式進行，讓你在遊戲過程中瞭解 DISC 性格密碼，對組建團隊與人脈之開拓能發揮關鍵作用。

- 創業成功心法 & 方法：細膩剖析全球百大創業家的成功之道，導入 T、N、R 三大落地實戰 Model，助學員創富、聚富、傳富。

- 經營事業，以終為始：學會如何靠借勢、借資、借力成就自己的事業，並傳授借力致富成功樣板，建構核心競爭力，讓客戶自己找上門。

- 大老闆的賺錢系統：教你打造自動賺錢機器，建構自動創富系統，創造多重被動收入！

- 幸福人生終極之秘：提升思考力、溝通力、執行力、想像力、判斷力、領導力、學習力及複製力，揭開人性封印，邁向人生幸福最高境界！

- 成功直銷——八大心靈法則，讓你告別玻璃心，將挫折力量轉化為成功意識，培養高 IQ、EQ 與 FQ，揮別魯蛇標誌。

- 自我價值實現：將弱勢（Weakness）、威脅（Threat）轉換為優勢（Strength）和機會（Opportunity），找出幸福快樂富足方程式，一手掌握事業、志業、家庭。

- 從遊戲中認識 DISC：善用性格密碼啟發潛能，領導統禦，發展組織，團隊經營，知人善用。

以《BU 黑皮書》超級經典為本，傳授眾籌與 BM（商業模式）之 T&M，輔以無敵談判術，完成系統化的被動收入模式，由財富來源圖之左側的 E 與 S 象限，進化到右側的 B 與 I 象限，藉由從零致富的 AVR 遊戲式體驗，達到真正的財富自由！

⦿ **超級事業成功學**：創業成功的訣竅就是 LTV，以扁平擊敗科層，跟創富實戰導師學習解除企業面臨困惑的方法與策略，突破發展瓶頸。

⦿ **眾籌、BM**：善用微籌與雲籌，創造多方共贏生態圈，打造企業金飯碗。從優化眾籌提案到避開相關法律風險，由兩岸眾籌教練第一名師親自輔導學員至成功募集資金、組建團隊。

⦿ **讓世界都聽你的談判絕學**：一次「聽」懂與「看」懂談判最高奧義，快速識破對方談判技倆，不只賺到好處，還能讓對方有「贏」的感覺！

四日班搭配從零致富的 AVR 體驗，讓學員迅速蛻變成銷售絕頂高手，超越卓越，笑傲商場！教你如何主宰財富（I 象限），而非被金錢所奴役（E 象限）。最好玩之處便是「玩遊戲」，在遊戲過程中領悟如何聚積並提昇人脈、財富、快樂與境界。

本課程針對工商 4.0 自媒體時代，教你運用 OPM、OPT、OPR、OPE，循著七個步驟，在交流與交心的過程中掌握系統架構之巧門，讓錢自動流進來。

5 ⑤日市場 ing 行銷專班

傳授絕對成交的秘密與終級行銷之技巧，以史上最強《市場 ing》之 接 建 初 追 轉 為主軸，教會學員絕對成交的秘密與終極行銷之技巧，課間整合 WWDB642 絕學與全球行銷大師核心秘技之專題研究，只要上過此課，便能迅速蛻變為絕頂銷售高手，超越卓越，笑傲商場，堪稱目前地表上最強的行銷培訓課程。

⦿ **絕對成交的秘密**：學會全球八大頂尖行銷大師成交絕學，只要掌握十大策略就能創造百倍收益。

⦿ **終極行銷技巧**：善用數位行銷與傳統行銷機制，跨越線上與線上通路，彼此連結，學會真正的「新零售」！

◎ 接建初追轉五大銷售步驟：一舉掌握業務必備完銷系統，讓你的產品或服務火到爆單，接單接到手軟！

◎ 九成的高薪族和有錢人都在使用的WWDB642系統：助你快速建立萬人團隊，倍增財富！

每期 BU 課程皆由不同的一級大師共同主講，如若是由布萊爾・辛格（Blair Singer）闡釋即為「BBU」；由王晴天博士（Jacky Wang）闡釋即為 WBU；由吳宥忠老師（James Wu）來闡釋即為 JBU。

參加 BU 課程只需繳交一次性學費便可終身複訓，複訓最大的好處是可以結交到不同的人脈，若課程安排至中國內地上課，更可以結交到中國各省市的頂尖人脈，如同各知名大學的 EMBA 學程，就是結交高端人脈的好地方。

在商場上所認識的人脈，其關係是非常薄弱的，通常二十四小時內沒有再次聯絡，就會忘了對方，但在 BU 課堂中，大夥兒從早到晚聚在一間教室，為了爭取小組得分，彼此熟悉、激勵、合作，從商場上噓寒問暖客套經營的關係，形成緊密的同學關係，到時若有商業合作或商業對接的機會，因為彼此曾為同學關係，較其他人密切，所以取得這樣的機會比他人容易多，上課學習固然重要，但有時候上課的背後所帶來的人脈關係與綜效（Synergy）利益更為可觀。

BU 課程系列用書

WWDB642 贏在複製系統

什麼是 642 系統？在美國全名叫 World Wide Dream Builders 642，簡稱 WWDB642。在直銷界提到系統，一定會提到「642」。WWDB642 猶如直銷的成功保證班，當今業界許多優秀的領導人，包括雙鶴集團全球系統領導人古承濬、如新集團的高階領導人王寬明等，均出自這個系統，更有不少白領階級以出身 WWDB642 系統為傲，因為它代表著接受過完整且嚴格的訓練，擁有一身好本領。

究竟什麼是「WWDB642」？為什麼它可以成為卓越系統的代名詞？

「WWDB642」源自美國安麗公司，創始人為比爾‧布萊特（Bill Britt），目前仍與安麗集團合作，進行 IBO 的教育訓練！

布萊特於 1970 年加入安麗公司，推薦人為德克斯特‧耶格（Dexter Yager）。1972 年，布萊特僅用了兩年便升上安麗鑽石級直銷商，耶格的下線中除布萊特外，另外還有兩位鑽石級直銷商，加上他自己總共是四位鑽石直銷商。

到了 1976 年，布萊特覺得直銷生意越來越難拓展，經營這六年來，他眾多下線中，不但沒有人晉升至鑽石級別，無一人達到他這般成果，連自己的鑽石寶座都維持得很艱難。他不明白為什麼自己可以做到，他的夥伴卻不能？且與他同期的許多夥伴們，經過六年也都無法成長、提升上來，於是他開始思考直銷事業是不是只有少數有特殊天賦的人才有機會成功？

與其他幾位領導人坐下來討論、溝通後，布萊特才知道原來各領域的領導者們，都以自己慣用的方法施行，下線們無所適從，不知道哪套方法才是最正確、最有效的？浪費許多時間和精力在摸索，以致做不出成績而放棄的夥伴更比比皆是。所幸，布萊特最終找出突破瓶頸的關鍵——複製（Duplication）。

這樣的模式運作六年後，整個組織竟然就產生四十五個新的鑽石階級，令人深感佩服，可見複製方法的正確性及威力。當時布萊特的私人飛機尾翼上印著 642 字樣，於是就將系統化複製的模式，稱為「WWDB642」。

什麼是直銷組織的複製？如何複製？美國「642 系統」領導人布萊特以安麗做媒介，在美西發展出 World Wide Dream Builder 團隊，簡稱 WWDB。

　　當時這組織原本是用來辦理培訓與籌辦各項會議與大會的一個組織，但因為組織快速成長，所以只好細分，再新增許多獨立的單位，同時招募更多員工，協助各經銷商的發展，就這樣變成一個獨立運作的團體。利潤除了來自與供應商合作的商品與組織利潤，集團本身運作的盈餘也由高階成員共享。

　　組織還成立了自己的銀行和保險公司；為了讓廣大會員開車到處有據點可以加油，他們建造自己的連鎖加油站；為了讓廣大會員可以環遊世界，WWDB642 擁有許多自己的私人飛機，利用自己的飛機到各地去分享他們的直銷事業，買下許多小島、為了讓大家生活在一起，所以興建了鑽石村……

　　WWDB642 以教育訓練為基礎，造就無數百萬富翁，會員超過六十萬人，包括《富爸爸‧窮爸爸》作者羅伯特‧清崎，潛能激勵大師安東尼‧羅賓（Anthony Robbins），《有錢人想的跟你不一樣》作者哈福‧艾克（T. Harv Eker）……等多位大咖。

　　有 WWDB642 的老師曾說：「全世界最會做組織的是耶穌基督。他僅收了十二門徒，現在全世界有 1/3 的人成為基督徒。」所以他們也運用《聖經》的智慧建立一

套系統，用來協助直銷公司組織倍增，後來這套系統就成為大家耳熟能詳的 WWDB642。

　　雖然 WWDB642 真正的核心是教育訓練，但這套系統也適合用在其他產業，所以有許多人都是靠著這套系統，在一年內便創造萬人團隊，從谷底翻身退休，因而在自己的領域有極高收入。

　　許多人研究複製理論，但真正因複製而獲益的人不多，因為幾乎沒有幾個人能徹底瞭解且落實「複製」的精神。

常說三流的人賣產品，二流的人賣服務，一流的人賣系統，若你也想要增加被動收入，建構萬人團隊，唯有建立一套源源不絕的被動收入生產線，而這一切只有 WWDB642 系統可以幫你做到。

現今各家直銷領袖已漸漸將 WWDB642 變種，改為自己的一套組織模式，你可能會問：「那這樣我該跟誰學呢？」這個問題我們都設想好了，魔法講盟引進美國最正宗的 WWDB642 系統，擁有一套完整的訓練方法幫助組織進行寬度、深度的延續，關鍵在人與集會中的「複製」。

如何訓練有自由思想的夥伴們，100％的複製，運用的是 WWDB642；如何在集會中，100％的傳承思想文化，運用的是 WWDB642，在美國，運用 WWDB642 的集會上，很少聽到產品的銷售，談的幾乎是人、體系運作、系統運作等，卻有 72％以上的成果，足見 WWDB642 之威力。

魔法講盟現已將 WWDB642 全面中文化，有興趣、有熱情、有決心的，歡迎加入我們的行列，結訓後可自行建構組織團隊，或成為 WWDB642 專業講師，至兩岸及東南亞各城市授課！

公眾演說 & 世界級講師培訓

你是不是覺得疑惑，創業為什麼還要學公眾演說或成為講師呢？

公眾演說，也就是「一對多演說」，早已被微軟創辦人比爾‧蓋茲、Apple 創辦人賈伯斯、股神巴菲特等成功企業家廣泛運用於「銷售式演說」，並以此行銷策略，成功致富！現在仍有許多業務人員做的是「一對一行銷演說」，說了半天還是無法成交，等於白說，但如果可以掌握「一對多」的演說技巧，就更容易從中產生業績，因為「一對多行銷演說」可以做到……

⊙ 有效提高客戶成交量，使業績明顯大幅提升。

⊙ 有效管理組織、激發團隊潛能，使團隊產生強大向心力。

📍 演說者擁有舞臺魅力，使個人或公司、品牌、產品或服務迅速打開知名度。

📍 英國前首相邱吉爾（Winston Churchill）說：「一個人可以面對多少人說話，就意味著他的成就有多大。」

📍 靠公眾演說成為國家領袖。前美國總統歐巴馬（Barack Obama）原本是名默默無聞的參議員，初選對手的財力與知名度遠大於他，但善於演講的歐巴馬，以雄辯的口才和燦爛的笑容征服台下的聽眾，凡是聽過他演講的人，都很難不被他感動而投票給他。如此領袖魅力使他一路過關斬將，傳奇性地當選美國總統，從基層走進白宮，成為美國史上第一位非裔黑人總統。

📍 用公眾演說成就品牌，Apple 公司創始人之一的賈伯斯打造出如宗教信仰般的品牌，他對簡約及便利設計的推崇，讓 Apple 贏得許多忠實的追隨者。每當賈伯斯出席產品發表會演說時，全球 Apple 使用者都為之瘋狂，熬夜觀看，他們被稱為「果粉」，猶如信徒般虔誠地熱愛著 Apple 的產品。

📍 曾有人問比爾‧蓋茲成為首富的秘密，他說：「我只是和一千二百人講了我的項目，九百人說 No，三百人加入，其中八十五人在做，八十五人裡有三十五人全力以赴，而其中有十一人促成我成為了百萬富翁。」

要讓人專注聽你說明產品及品牌是多麼困難的事，因為大家沒有那麼多時間。既然如此，有機會上臺演講，不正是一個最好的機會。創業初期，產品、服務剛建立，品牌沒知名度，資源也不多，該怎麼突圍？

王品前董事長戴勝益說得好，就靠「演講」跟「得獎」吧！競賽，或許有些浪費時間及金錢，但如果在能力與時間允許下，倒可以多多參與，畢竟如果你總是說自己有多好，不如讓有公信力的第三者替你說好話，這確實能有不錯的幫助。國內外有許多公家單位或民間組織發起的創業競賽，都值得你去瞭解甚至參與。

至於演講，這是很多創業者忽略的部分。有些創業者認為，他們覺得自己沒有什麼成功的代表作，所以沒什麼底氣大說特說，也沒什麼好說的，但這是不對的，就因為你沒有知名度，才更應該大力、大量地去宣傳你的公司，若真的有人邀請，就代表這是能夠對公眾說明自己、介紹自己的好機會，無論有沒有酬勞，你都該試著多多宣傳自己的團隊、公司。

　　為什麼公眾演說很重要，不只是宣傳而已，也是建立品牌的極佳管道，怎麼說呢？大家不妨注意看看，為什麼在電影院看電影，會比在家裡看還來得有震撼力？因為環境塑造強化了你的注意力。

　　電影放映廳裡四周一片漆黑，你的目光集中在巨大的屏幕上，立體環繞的聲光效果，讓人很容易投身在電影想傳遞的訊息之中，心理學家研究過，這也是許多邪教組織慣用手法，不斷透過播映影片內容來達成洗腦的目的。

　　事實上，德國納粹早期也是用這樣的手法，來強化組織成員對領袖的忠誠與信念，同樣的道理，當一個人站在舞臺上，用音樂、圖片、文字、影像，搭配好情緒的起伏，接續敘事的脈絡，其實很容易就能勾起聽眾的想像，進而認同你的理念與作為。

　　這也是為什麼在選舉造勢時，總是要將這些要素搭配好，讓候選人在舞臺上盡情揮灑，因為這些能發揮強大的吸引力，讓底下的聽眾感染氣氛與情緒，最後成為你忠誠的信徒。

　　因此，身為創業者的你，如果想為團隊與公司宣傳，並建立陌生族群對你的認識，你就應該好好利用這樣的原理，去創造屬於自己的社群粉絲。這年頭，廣告大行其道，從平面搬到電視，又從電視轉到網路，從文字變成圖片，又從圖片變成影音，我們時時刻刻無不處在廣告疲勞轟炸的環境。

　　於是，多數消費者其實已經麻木，我們不再有過多的精力與專注力，去仔細聆聽一個品牌、一家公司所傳遞的故事，事實上，根據網路媒體研究，八成的人關注廣告的平均秒數只有十三秒，也就是說，若你無法在十三秒內吸引大眾的眼球，他就會關閉廣告或轉臺。

　　這說明什麼？要讓人專注聽你說明、介紹品牌及產品是多麼困難的事，因為絕大多數的人沒有這麼多時間。既然如此，若有場合邀請你去演講，不正是一個最好的機

會？邀請單位將舞臺準備好，也把人都找來了，你唯一要做的就是好好準備，利用難得的上臺機會，或許只有十分鐘、二十分鐘、三十分鐘，都沒有關係，只要將準備好的內容端出來吸引大家、引發他們的興趣，這就是最佳的宣傳時機點。當然，也有不少創業者跟我說，覺得自己口才不好，容易吃螺絲，訊息表達不精確，甚至連肢體語言都生澀，這些都是欲創業的你必須學習的地方。

自古以來，偉大的領袖必然有出色的公眾演說能力，若非如此，你根本無從號召一批人為你賣命。優秀如股神巴菲特，也曾為了讓自己的公眾演說能力出色，參加演說相關課程，他表示：「我去上課，不是為了讓自己上台演說時不發抖，而是為了讓自己在發抖時，依然能夠順利講完、表現良好。」

股神如此，我們凡人是否更應該努力千百倍，鍛鍊自己在公眾演說上的能力，所以我很珍惜每一次能上台講話的機會，非常努力地把自己的簡報檔案準備好，不管對象是誰，不管底下聽的人有多少，不管距離多遠，只要時間允許，我不但會去，每次也都會做好萬全的準備，即使對方沒提供車馬費或講師費，我還是會感恩地告訴對方非常榮幸受邀，因為我知道，這就是對自己及公司最好的宣傳機會。

創業這條路一路走來，我名下幾間公司都小有成績，自己的個人品牌也不斷提升、累積，不得不說，這些都是靠演講獲得的益處。因此，建議所有創業者，只要時間和能力允許，你都應該培養自己公眾演說的能力，這項能力訓練得好，可以讓你受益無窮，你不僅在無形中宣傳了公司品牌，也能讓個人知名度、個人品牌向上提升，甚至形成口碑，讓消費者主動為你宣傳、推薦，這時候對外的連結將越來越快，人際網絡越來越廣，自然不愁沒有生意可做。

或許你沒有天生的舞臺魅力，但投資自己培養公眾演說能力，將會為你帶來豐碩的報酬。就從今天開始試試看，不要放棄任何演講機會，盡情地展現自己吧！

 ## Seminar 密室逃脫創業培訓

來參加密室逃脫創業培訓的學員，魔法講盟保證的結果就是走出創業困境，創業

成功機率增大數十倍以上。創業本身就是一個找問題、發現問題，然後解決問題的過程。創業者要如何避免陷入經營困境和失敗危機？就必須先對那些創業過程中最常見的誤區、最可能碰上的困境與危機進行研究與分析，因為環境變化的速度很快，每個階段都會有其要面臨的問題，誰對這些潛在的危險認識更深刻，就有可能避免之。事業的失敗，造成的主因往往不是一個，而是一連串錯誤和 N 重困境累加所致的，只有正視困境，才能在創業路上未雨綢繆，走向成功。

當你想創業時，夥伴是一個問題、資金是一個問題，應該做什麼樣的產品也是一個問題，創業的過程中會有很多很多的問題圍繞著你，猶如一間密室，要逃脫密室就必須不斷發現問題、解決問題。

當產品推出後，衍生的問題就更多了。產品沒人用，你可能會想：「是產品的使用者體驗不好嗎？是行銷做得不夠嗎？還是消費者本身沒有這個需求。」不會有人告訴你這些問題的答案，你必須自己去尋找、發現，找出真正可能的原因。創業的過程中，有些問題還是看不見的，有些是方法上出了問題、效率上出了問題、流程上出了問題，甚至是人為問題。

看不見的問題最令人頭大，因為看不見的問題通常很難找，例如網站收入欠佳，你可能會認為是網站的經營模式有問題，但其實是行銷有問題、產品本身的使用者體驗不夠好，或是未考慮到使用者心理層面的問題等等。

當你以為問題出在 A 的時候，但問題其實在 B，於是你花了時間成本、人力成本，想辦法解決 A 的問題，而真正的問題始終沒有解決，最後仍一點效果都沒有，讓你挫敗無比，認為原本的產品根本行不通，但事實上是創業者根本沒有發現問題。

「找出問題」是創業者一定要擁有的能力，找問題不能靠假設，認為可能是 A 或 B，而是要透過實際的行動來改善並找出原因，看改善了之後是否讓原本的產品有所成長。

無論是產品、行銷、作法，又或是蒐集使用者體驗、參考別人是怎麼做的、詢問

同業朋友的意見，盡可能地找出一切可能的原因，唯有在試過一切方法後，才有可能更貼近真正的問題。

密室逃脫創業培訓以一個月一個主題的博士級 Seminar 研討會形式進行，共十五道創業關卡，帶領學員找出「真正的問題」並解決它。我將以自己三十多年的創業實戰經驗，從以下這八個面向：1. 價值訴求；2. 目標客群；3. 生態利基；4. 行銷與通路；5. 盈利模式；6. 團隊與管理；7. 資本運營；8. 合縱連橫，向各位分析探討創業。

課程也加上「反脆弱」、「阿米巴」……等低風險創業原則，結合歐、美、日、中、東盟……等最新的創業趨勢，全方位、無死角地總結，設計出創業致命關卡密室逃脫術，帶領創業者們挑戰主題任務枷鎖，由專業教練手把手帶你解開謎題，突破創業困境，保證大幅提升你創業成功的機率，博士級的密室逃脫 seminar 等你來挑戰！

接班人團隊培訓

目前，絕大部分企業遭遇到「斷代」的危機，也就是有著接班人選的憂慮，傳統的接班人都由下一代接班，但隨著時代的演進，許多企業轉由專業經理人接班。

的確，公司在準備把權力移交給下一代時，通常便是這些公司最脆弱和不穩定的時刻，權利移轉過程中的決策管理不當，是造成企業失控最主要的原因。美國西北大學教授就曾指出，有八成的家族企業大多未能順利傳給第二代，能傳到第三代的更只有 13％，相當多的公司都會在新領導人手裡破產，要不就是被迫賣給競爭對手，導致企業不能持續發展，在歷經幾年或數十年的風光後，仍逃脫不了破產或是被收購的命運，面臨著越來越高的不確定性和風險。

十年前財富五百強中，將近四成的企業已銷聲匿跡，三十年前的財富五百強中，

有六成企業破產、被收購，於 1900 年進入道瓊指數的十二間企業股票中，更僅剩奇異一間公司存活至今，世界五百強企業尚且如此，何況是那些中小企業呢？

於是，富不過三代這句話，幾乎成了所有企業的魔咒。在台灣，有很多企業都採用家族式管理，企業家很早就開始培養孩子來繼承家業，成功個案如裕隆集團嚴凱泰，其接班後放棄裕隆的自由品牌，專心做日產汽車世界分工體系中的一環，取得空前的成功。

但並不是所有的企業家都如此幸運，仍有許多企業對於接班問題充滿憂慮，他們的孩子才能不夠、興趣不同，或其他原因，如何在不勉為其難的前提下，讓企業薪火相傳實在是個大問題。

人們常說：「創業容易，守城難」，在現今競爭激烈的環境下更是如此，我個人也正積極布局企業的接班人選，經營數十年的企業，要談接班，第一時間想到的都會是自己的兒女，正所謂肥水不落外人田，怎麼會輪到外人來接班呢？無奈我的兒女都不願意接班，女兒很貼心地要我顧好自己的身體，她在美國大企業上班，不想回台灣了，兒子也只要身上有筆錢即可，我只好信託一筆四千萬的現金給他。

我自創立采舍集團已長達三十年，對社會的貢獻和對員工的責任更是看重，無論如何都要把企業傳承下去，並讓它更加發揚光大，所以我將華文網、采舍集團和旗下各出版社等資源加以整合，再成立一間「全球華語魔法講盟」，積極將這間公司推往上櫃上市之路，以期照顧更多的員工、弟子及學員，也可以完成心中畢生所願——打造一家上櫃市的公司。

而企業壯大需要更多優秀的人才與資源，加上接班這等大事兒需要時間、也需要培養，必須積極布局接班事宜，接班人更不可能侷限於一人，應以團隊各司其職發揮所長的接班模式來進行，又加上魔法講盟以上市為目標，所以需要的接班人為數更多。

接班人選優先從集團核心中挑選，而成為魔法弟子便有機會成為公司核心，且魔法弟子們不單可以成為核心擁有接班機會外，另享有許多福利，優秀弟子更能獲頒分房證，享有分房制度，2021 年初，我才剛將中和左岸其中一幢房子賣掉，依照分房證

上的比例分紅，許多人都拿到了一筆可觀的紅包。

左圖：魔法講盟王董事長及核心員工與代售的房仲業者合影。右圖：買賣雙方在房仲業者處合影。

1 接班人團隊培訓計畫

因體現到目前世代的企業大多有接班人的問題，解決別人的痛點就是一個商機，所以魔法講盟以自己及其他企業接班人的痛點，開辦「接班人團隊培訓計畫」，凡參加培訓計畫的弟子們都將列入準接班人團隊成員之一。

2 接班人密訓計畫

針對企業接班及產業轉型所需技能而設計，由各大企業董事長們親自傳授領導與決策的心法，涵養思考力、溝通力、執行力之成功三翼，透過模組演練與企業觀摩，引領接班人快速掌握組織文化、挖掘個人潛力、累積人脈存摺！已有十數家集團型企業委託魔法講盟培訓接班人團隊！魔法講盟於 2021 年起，為兩岸企業界建構〈接班人魚池〉，引薦合格之企業接班人！

我們一起創業吧！

市面上已經有那麼多創業課程，魔法講盟的《我們一起創業吧》課程，有什麼不

一樣？這門課程集合了所有創業應該要有的能力，有系統地教導學員所有創業必須擁有的技能，並以一次報名享有終身複訓的方式，讓學員可以終身學習，每季也舉辦「大咖聚」，邀請各行各業的專業人士以及大佬，以聚餐交流的方式，對接彼此資源達到跨界結合、做大市場的效果。〈**我們一起創業吧**〉課程有以下特點。

大咖聚合影。

1　不只是創業，是個資源整合的大平台

平台意味著可以容納百川，任何資源只要經過平台審核後，確認沒有安全上的顧慮，且對創業學員是有幫助的，就會將該資源納入平台內，因為每個人創業的資源和能力都有所不同，但創業者最缺的往往就是他沒有看見的，例如有的創業者想要開間咖啡店，他的資金全靠自己這幾年的存款、銀行貸款、父母借錢、朋友融資等等，在資金面已經不缺了，所以租下店面後，心思都花時間在裝潢及菜單設計上，殊不知他們最缺的其實是如何引流。果不其然，開張不到一年的時間，資金就已經燒完了，結束這短暫卻昂貴的創業之旅，當初如果有個平台可以有引流客戶的資源，或許這創業可以是安身立命進而宏圖大展的事業。

2　培養你創業的一切需要有知識能力

坊間教創業者最多的就是如何跟銀行貸款，殊不知貸款是要還錢的，創業需要學的知識非常多，例如：思維、溝通、談判、商業模式、眾籌、布局、行銷、銷售、建

立人脈、執行力等等。

　　這些都是創業者必須了解的，**〈我們一起創業吧〉**一次報名終身複訓，目的就是創業這檔事不是只有上個兩、三天課程，學個一、兩門知識就可以的，你補充的能力、學習的專業知識越多，創業的成功率自然越高。

3　終身課程：能力＋激勵＋人脈

　　課程主要分為三種顯學，一為學習能力，例如學習創業的能力、英文溝通的能力、打高爾夫球的能力、銷售技巧的能力；二為激勵功能，讓你覺得世界無限好，渾身充滿正能量；三則是在課程中建立人脈連結，例如各大知名院校舉辦的 EMBA 課程，去上課目的大多是去建立跨越本行的高階人脈，因為課堂學員都有兩個特質，課程學費不便宜，所以經濟能力通常都不錯，再來就是大多有想要成功賺大錢的野心，才會願意付出時間學習。

　　〈我們一起創業吧〉亦結合了能力＋激勵＋人脈三種功能，為學員的創業賦能。

4　全新的上課體驗：課程＋社團＋旅遊

　　〈我們一起創業吧〉除了有專業的課程內容外，每年還會安排企業參訪行程，現以台灣、大陸、馬來西亞、香港、新加坡為主，目的在讓學員除了課堂上所學的知識，更重要的是看看實體產業經營碰到的問題及機會有哪些，讓學員在還未創業前，先體驗經營企業的甘苦。

5　最強的商業模式

　　未來的競爭不是產品與產品的競爭，而是「商業模式」的競爭，什麼是商業模式呢？就是重組新架構，這個時代所有的行業，如果用新的商業模式去做，其實所有的行業全部都才剛剛開始，**〈我們一起創業吧〉**引進世上最強的商業模式知識，如國際

級教師傑・亞伯拉罕和大陸的劉克亞老師、周導老師……等，為學員提供最新、最落地的商業模式。

6 區塊鏈賦能

〈**我們一起創業吧**〉課程內容更包含全球首創的區塊鏈創業，將區塊鏈的特性賦能傳統企業。能把紅海轉為藍海只有兩個方法，第一是新的商業模式，第二則是用區塊鏈為企業賦能，如此重要的趨勢不可忽略。

魔法講盟也將規劃〈**區塊鏈基礎認證班**〉、〈**區塊鏈講師班**〉、〈**區塊鏈顧問班**〉、〈**區塊鏈商業模式班**〉、〈**區塊鏈創業班**〉、〈**區塊鏈金融財經證照班**〉、〈**區塊鏈KOL班**〉，為區塊鏈賦能企業提供全方位的服務。

7 培養寫商業計畫書＋路演能力

商業計畫書（Business Plan）是創業者進入資本市場的第一塊敲門磚。一份優秀的商業計畫書，可以引起投資人關注，進而得到進一步溝通的機會。但在現實生活中，很多創業者卻不知道該如何撰寫。

〈**我們一起創業吧**〉從具體案例入手，手把手教創業者寫出一份打動投資人的商業計畫，而路演也是創業者必要之能力，因為初期需要讓投資人、團隊，以及客戶了解你的商業模式和項目，致力於將你打造為手能寫、嘴能說的一流創業家。

8 課程講師多元化

〈**我們一起創業吧**〉將是一個多元分享平台，師資不僅限於魔法講盟講師群，更邀請各行各業的成功人士來分享創業成功的經驗，也會邀請項目方前來分享商機，絕不是只有上課學習單向的內容，唯有跟隨時代的趨勢，並與時俱進的跟進，創業程成功率必將大大提高。

魔法講盟擁有最完整的創業系列課程，也有最大的曝光舞台，關於創業有句話是這樣說：「失敗並不可怕，可怕的是還有人相信這句話。」創業這檔事一旦失敗就可能永遠難翻身；還有人說：「創業萬事起頭難。」但你會發現後面其實更難，這也是為什麼本書會以「無痛」為主軸，跟各位討論創業這檔事兒。

魔法講盟創業系列課程絕對值得前來一探究竟，且除了創業課外，魔法講盟對現今趨勢「區塊鏈」亦有相當不錯的成績，2010 年時，我初接觸比特幣並進行挖礦，隔年更出版《區塊鏈》一書。現帶領著團隊深耕區塊鏈與數字貨幣領域，魔法講盟在 2020 年也因狗狗幣、幣安幣與 NFT 賺了不少財富，2021 年投資的奇亞幣更大放光彩，奠定了魔法講盟在台灣區塊鏈第一品牌的地位，在我的帶領下，魔法團隊能有如此成績，實在與有榮焉。

最後，期待你看完本書後，能成功創造出屬於自己的輝煌、開創坦途，甚至是舉一反三，運用區塊鏈來為創業項目賦能，無痛創業。

全球華語魔法講盟
Magic

台灣最大、最專業的開放式培訓機構

兩岸知識服務領航家
開啟知識變現的斜槓志業

別人有方法，我們更有魔法
別人進駐大樓，我們禮聘大師
別人談如果，我們只談結果
別人只會累積，我們創造奇蹟

魔法講盟賦予您 **6** 大超強利基！
助您將知識變現，生命就此翻轉！

 魔法講盟 致力於提供知識服務，所有課程均講求「結果」，助您知識變現，將夢想實現！已成功開設千餘堂課，常態性地規劃數百種課程，為目前台灣最大的培訓機構，在「能力」、「激勵」、「人脈」三個層面均有長期的培訓規劃，絕對高效！

Beloning

↓

Becoming

① 輔導弟子與學員們與大咖對接，斜槓創業以 MSIR 被動收入財務自由，打造自動賺錢機器。

② 培育弟子與學員們成為國際級講師，在大、中、小型舞台上公眾演說，實現理想或銷講。

③ 協助弟子與學員們成為兩岸的暢銷書作家，用自己的書建構專業形象與權威地位。

④ 助您找到人生新方向，建構屬於您自己的 π 型智慧人生，直接接班現有企業！

⑤ 台灣最強區塊鏈培訓體系：國際級證照 ＋ 賦能應用 ＋ 創新商業模式 ＋ 幣礦鏈圈暴利模式。

⑥ 舉凡成為弟子，過去（藏經閣）、現在及未來所有課程全部免費，且終身複訓！

魔法講盟 專業賦能，是您成功人生的最佳跳板！

魔法講盟

公眾演說
A⁺ to A⁺⁺
國際級講師培訓

收人 / 收錢 / 收心 / 收魂

培育弟子與學員們成為國際級講師，
在大、中、小型舞台上公眾演說，
一對多銷講實現理想！

面對瞬時萬變的未來，
您的競爭力在哪裡？
你想展現專業力、擴大影響力，
成為能影響別人生命的講師嗎？
學會以課導客，讓您的影響力、收入翻倍！

我們將透過完整的「公眾演說班」與「國際級講師培訓班」培訓您，教您怎麼開口講，更教您如何上台不怯場，讓您在短時間抓住公眾演說的撇步，好的演說有公式可以套用，就算你是素人，也能站在群眾面前自信滿滿地侃侃而談。透過完整的講師訓練系統培養開課、授課、招生等管理能力，系統化課程與實務演練，把您當成世界級講師來培訓，讓您完全脫胎換骨成為一名超級演說家，晉級 A 咖中的 A 咖！

國際級講師 Speaker
兩岸授課 Teaching
提供舞台 Stage
實戰指導 Coach
演說技巧 Technique

為您揭開成為紅牌講師的終極之秘！
不用再羨慕別人多金又受歡迎了！

從現在開始，替人生創造更多的斜槓，擁有不一樣的精彩！

雙重保證，讓你花同樣的時間卻產生數倍以上的效果！

保證 成為專業級講師

「公眾演說班」培訓您鍛鍊出自在表達的「演說力」，把客戶的人、心、魂，錢都收進來。「講師培訓班」教您成為講師必備的開課、招生絕學，與以「課」導「客」的成交撇步！一邊分享知識、經驗、技巧，助您有效提升業績；另一方面讓個人、公司、品牌、產品快速打開知名度，以擴大影響半徑並創造更多合作機會！

★ 公眾演說班	2021 年 9/4 六、9/5 日、9/25 六、9/26 日 2022 年 9/17 六、9/18 日、9/24 六、9/25 日
★ 講師培訓班	2021 年 12/11 六、12/12 日、12/18 六 2022 年 12/10 六、12/11 日、12/17 六

保證 有舞台

在「公眾演說班」與「講師培訓班」的雙重培訓下，獲得系統化專業指導後，一定不能錯過「八大名師暨華人百強講師評選 PK 大賽」，成績及格進入決賽且績優者，將獲頒「亞洲百強講師」尊榮；參加總決賽的選手，可與魔法講盟合作，將安排至兩岸授課，賺取講師超高收入，擁有舞台發揮和教學收入的實際結果，是您成為授證講師最佳的跳板！決賽前三名更可登上亞洲八大名師＆世界華人八大明師的國際舞台，一躍成為國際級大師！

★ 八大名師暨華人百強 講師評選 PK 大賽	2022 場 3/8 二 2023 場 3/14 二
★ 亞洲八大名師大會	2022 場 6/18 六、6/19 日 2023 場 4/29 六、4/30 日
★ 世界八大明師大會	2022 場 7/23 六、7/24 日 2023 場 10/21 六、10/22 日

報名或了解更多課程內容，請掃碼查詢或

撥打真人客服專線 (02) 8245-8318 或上官網 新‧絲‧路‧網‧路‧書‧店 silkbook●com www.silkbook.com

想成為某領域的權威或名人？出書就是正解！

透過「出書」，能迅速提升影響力，建立「專家形象」。在競爭激烈的現代，「出書」是建立「專家形象」的最快捷徑。

國內首創出版一條龍式的統包課程：從發想一本書的內容到發行行銷，不談理論，直接從實務經驗累積專業能力！鑽石級的專業講師，傳授寫書、出版的相關課題，還有陣容堅強的輔導團隊，以及坊間絕無僅有的出書保證，上完四天的課程，絕對讓您對出書有全新的體悟，並保證您能順利出書！

書的面子與裡子，全部教給你！

★出版社不說的暢銷作家方程式★

P
說服出版社
的神企劃

W
加速寫作的
方程式

P
增加優勢的
出版眉角

M
衝上排行榜
的行銷術

暢銷書都是這麼煉成的！

保證出書！您還在等什麼？

寫書&出版實務班

2021 場 8/14 六、8/15 日、8/21 六、10/23 六
2022 場 8/13 六、8/14 日、8/20 六、10/29 六

另有線上課程，欲了解更多課程內容，請掃碼查詢或撥打真人客服專線 (02) 8245-8318 或上官網 新·絲·路·網·路·書·店 silkbook●com www.silkbook.com

全球華語 魔法講盟
Magic

☑ 國際級證照
☑ 賦能應用
☑ 創新商業模式

★台灣最強區塊鏈培訓體系★

比特幣頻頻創歷史新高，各個國家發展的趨勢、企業應用都是朝向區塊鏈，LinkedIn 研究 2021 年最搶手技術人才排行，「區塊鏈」空降榜首，區塊鏈人才更是人力市場中稀缺的資源。為因應市場需求，魔法講盟早在 2017 年即開辦區塊鏈國際證照班，已培養數千位區塊鏈人才，對接資源也觸及台灣、大陸、馬來西亞、新加坡、香港等國家，開設許多區塊鏈相關課程，區塊鏈應用，絕對超乎您的想像！

 1 區塊鏈國際證照班

唯一在台灣上課就可以取得中國大陸與東盟官方認證的機構，取得證照後就可以至中國大陸及亞洲各地授課 & 接案，並可大幅增強自己的競爭力與大半徑的人脈圈！

 2 我們一起創業吧！

課程將深度剖析創業的秘密，結合區塊鏈改變產業的趨勢，為各行業賦能，提前布局與準備，帶領你朝向創業成功之路邁進，實地體驗區塊鏈相關操作及落地應用面，創造無限商機！

 3 區塊鏈講師班

區塊鏈為史上最新興的產業，對於講師的需求量目前是很大的，加上區塊鏈賦能傳統企業的案例隨著新冠肺炎疫情而爆增，對於區塊鏈培訓相關的講師需求大增。

 4 區塊鏈技術班

目前擁有區塊鏈開發技術的專業人員，平均年薪都破百萬，魔法講盟與中國火鏈科技合作，特聘中國前騰訊技術人員授課，讓您成為區塊鏈程式開發人才，擁有絕對超強的競爭力。

 5 區塊鏈顧問班

區塊鏈賦能傳統企業目前已經有許多成功的案例，目前最缺乏的就是導入區塊鏈前後時的顧問，提供顧問服務，例如法律顧問、投資顧問等，魔法講盟即可培養您成為區塊鏈顧問。

 6 數字資產規畫班

世界老年化的到來，資產配置規劃尤為重要，傳統的規劃都必須有沉重的稅賦問題，透過數字貨幣規劃將資產安全、免稅（目前）、便利的將資產轉移至下一代或他處將是未來趨勢。

線上課程 Online Course　即時 · E 速學 · 學習吧

魔法講盟

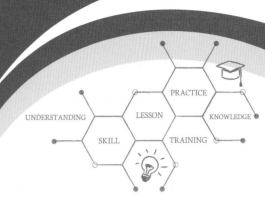

台灣最大、最專業的知識服務商
提供最棒、最厲害、最優質、
保證有結果的優質課程
專家帶路，成長更超前！
魔法講盟數位學習平台，是您
隨時隨地知識升級的最佳夥伴！

1 著重趨勢應用與實際商務實戰，下班學習上班應用，讓您不出門也能上專業課。

2 邀請業界各領域專家授課，建構起最紮實、完整、有效益的線上課程

3 菁英培訓，線上線下結合，隨時隨地自學成長，立即啟動學習力。

魔法講盟線上課程，
資源豐富，講求深度與廣度，
補齊你最需要的知識，
學習關鍵技能，
競爭力全面提升！

兩岸知識服務領航家——

邀您共享智慧饗宴，
是陪您成長的學習夥伴！

詳細各類課程資訊及師資，請掃描 QR Code
或撥打真人客服專線 02-8245-8318，
可上 silkbook●com www.silkbook.com 查詢

E- learning

學習不受限，隨時隨地透過
自學提升專業力！

六大招牌課，線上E速學！！

魔法講盟

為您提供專業的知識服務，
讓你在家不出門，
也能學會新技能！
專業的知識與實用的技能讓
你受用無窮，隨選隨上！
各大講師完整解析課程，
無限重複上課，
即時學習超自由！

學習時
間彈性

地點
不受限

可重複
觀看

Free
Style

價格相
對較低

可自行
調整速度

" 全部學費均可
全額折抵相關
實體課程之費用 "

1 斜槓經營 AMAZON 跨境電商
宅在家賺全世界的錢！給跨境新手關鍵
一堂課：亞馬遜開店實戰攻略

2 零成本完售自己的電子書
成為雲端宅作家，開啟人生新外掛。四步
驟在亞馬遜平台出版你的第 1 本電子書

3 玩轉區塊鏈大賺趨勢財
宅在家布局幣、礦、鏈、盤創富生態圈。
零基礎也能從自學到成為專家！

4 3 小時作者培訓精華班
斜槓出書非夢事！宅在家就能出版一本
書。用 PWPM 開創作家之路！

5 30 小時出書出版完整班
保證出書！培養您成為暢銷書作家，從 0
到 1 一步到位，晉升出版狂人！

6 學測數學最低12級分的秘密
名師王晴天老師傳授你 6 大創意思考竅
門，30 招致勝破題秘訣，飆升數學力！

即時學習，專業不卡關，立即訂購起來～～

詳細各類課程資訊及師資，請掃描 QR Code
或撥打真人客服專線 02-8245-8318，
可上 新·絲·路·網·路·書·店 silkbook○com www.silkbook.com 查詢

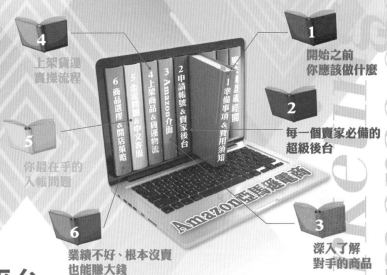

終身不停學 線上課程 LEARNING 2

零成本完售自己的電子書
成為雲端宅作家，開啟人生新外掛

課程講師：范心瑜、王晴天　課程時間：200 分鐘

出一本書可以傳播你心中的理念，將你的想法讓全世界的人都聽見。

出一本書可以幫助你推廣自己，讓自己成為最具有價值的 IP 品牌，成功賺大錢。

出一本書可以一圓你心中的作家夢，讓你在人生的這場馬拉松達成最重要的里程碑。

4 B2B、B2C 平台一次搞懂

5 Readmoo、Pubu 上架實錄

6 電子書、紙本書如何差別定價

7 你需要的知識都在這（特別推薦▶出版布局）

1 傳統、自助出版差在哪

2 Amazon電子書上線實操

3 出書之後怎麼賣

定價4980元
特價 **1980**元

線上買起來

為你的斜槓履歷中，加一個作家頭銜！

將從最簡單的平台分析，到如何申請亞馬遜 KDP 平台帳號；

從上架一本電子書的詳細流程，到如何製作專屬於自己的書籍封面；

從面向全球讀者的亞馬遜 KDP 平台，到針對華人市場的 Readmoo、Pubu 平台。

我們將用最簡單的步驟，幫助初學者的你上架屬於你自己的第一本電子書！

特色1

▶ **零成本從製作到完售自己的電子書**

最適合你的小資斜槓副業，從製作到銷售完全零成本，打造專屬於你的第一本電子書。

特色2

▶ **完整實際操作畫面╳講師真人 PPT 解說**

各大電子書平台上架流程，實際操作給你看，只要跟著做就可以成功上架屬於你的電子書。

特色3

▶ **超簡單步驟，最完整課程**

從零開始佈局並製作電子書，到完成後的自助行銷工具，用最簡單的步驟給你最完整的線上課程。

報名請上 新·絲·路·網·路·書·店 silkbook○com 查詢，或電洽真人客服專線 (02) **8245-8318**

宅在家一起出書！

線上課程 × 實務寫作，免出門學到飽

魔法講盟 線上出版課程Online！

◆ 彈性上課　◆ 不限次數
◆ 免通勤　　◆ 專業師資

【3小時作者培訓精華班】
斜槓出書非夢事！
宅在家就能出版一本書
零基礎適用，讓你一入門就專業！

達人級

| 優惠 5折 | 定價 NT$3,600 特價 NT$1,800 |

斜槓作家的好處
投稿成功要素
出書關鍵 PWPM
一本書如何誕生

出版核心完全攻略

3小時作者培訓精華班

達人養成 POINTS

★ 破除寫作心魔，建立信心
★ 過稿率自我診斷＆調整技法
★ 了解出版流程，採取行動
★ 掌握 PWPM 核心理論

【30小時出書出版完整班】
保證出書！培養您成為暢銷作家

30 小時全方位、無死角的出書課程，
知識力瘋狂飆漲，晉升出版狂人！

神人級

| 優惠 49折 | 定價 NT$19,800 特價 NT$9,800 |

PWPM 面面觀
搞定主題＆大綱
出版布局
認識多元出版
實戰動筆技巧
暢銷作者現身說法
熱銷密技

保證出書

30小時完整班

神人養成 POINTS

★ 出版社不外傳的撇步
★ 提供大量實例，加深理解
★ PWPM完整攻略，最全面
★ 素人作家的起步方法
★ 跟著課堂活動擬定架構
★ 剖析投稿、自資等出版模式
★ 學會書籍熱賣的行銷絕學

出書最前線，你想學的都在魔法講盟！

報名請上  新・絲・路・網・路・書・店 silkbook○com，或電洽真人服務專線 (02) 8245-8318